珠心算教程

第四册

苑玉敏 编著

经济科学出版社
Economic Science Press

图书在版编目（CIP）数据

珠心算教程．第4册/苑玉敏编著．—北京：经济科学出版社，2015.6
ISBN 978-7-5141-5868-7

Ⅰ.①珠… Ⅱ.①苑… Ⅲ.①珠算-教材②心算法-教材 Ⅳ.①O121

中国版本图书馆CIP数据核字（2015）第134977号

责任编辑：柳　敏　李　林
责任校对：郑淑艳
责任印制：李　鹏

珠心算教程（第四册）
苑玉敏　编著

经济科学出版社出版、发行　新华书店经销
社址：北京市海淀区阜成路甲28号　邮编：100142
总编部电话：010-88191217　发行部电话：010-88191522
网址：www.esp.com.cn
电子邮件：esp@esp.com.cn
天猫网店：经济科学出版社旗舰店
网址：http://jjkxcbs.tmall.com
北京盛源印刷有限公司印刷厂印装
787×1092　16开　7.5印张　180000字
2015年9月第1版　2015年9月第1次印刷
ISBN 978-7-5141-5868-7　定价：23.00元
（图书出现印装问题，本社负责调换。电话：010-88191502）
（版权所有　侵权必究　举报电话：010-88191586
电子邮箱：dbts@esp.com.cn）

发展珠心算教育
开发儿童智力潜能
造福中华民族

遐海滨 二〇〇三年 元月十六日

中国工艺算盘鉴赏

清代象骨珠算盘

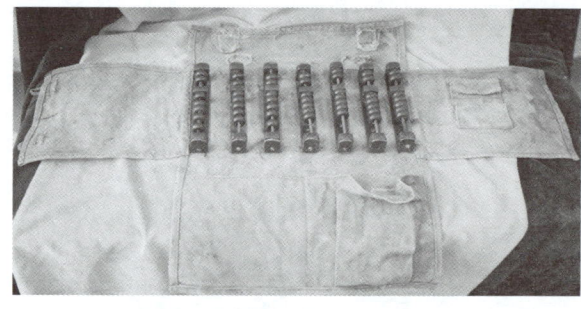

台儿庄战役 122 师行军算盘

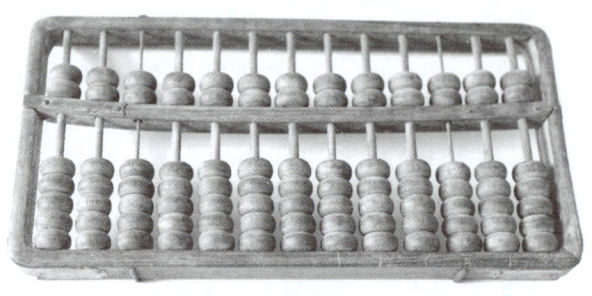

铁算盘

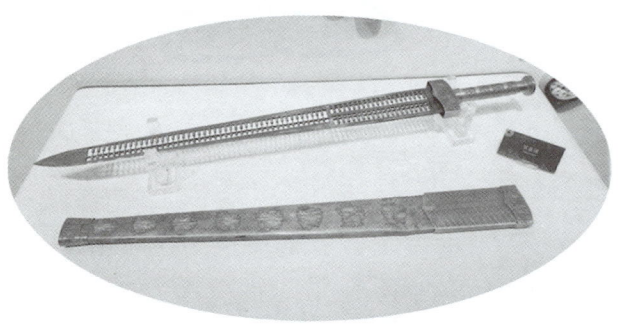

朝鲜算盘剑算盘

日本算盘一组

殷长生算盘

中国山东省台儿庄中华珠算博物馆收藏

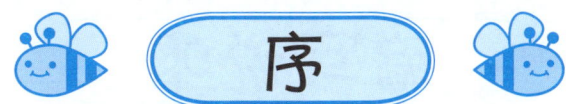

序

　　珠心算是珠算的一种升华，是我国珠算技术发展的高级阶段，它具有广泛的实用性、高度的技巧性、良好的启智功能。珠算的计算工具算盘还蕴含着精深的数学思想，五升制、十进制、位值制和累数制的运算规律都囊括其中。珠算以珠示数，珠动数出，算存一体，过程可观，形象直观的理论与实践的高度融合性，一直是最为有效的教学方式与教学工具之一，为儿童数学启蒙和基础教育提供了高效、系统的实践方式。珠心算学习是注意力、记忆力、思维能力、计算能力的综合训练，其最终目标是开发儿童智力潜能。

　　为了在全省尽快推广和普及珠心算，山东省珠算心算协会委托全国知名珠心算专家、中国珠算心算协会学术研究专业委员会秘书长、山东财经大学教授苑玉敏编写了这套《珠心算教程》供教学使用。苑玉敏教授自 1995 年以来，一直兼任中国珠算心算协会学术研究专业委员会的秘书长工作，从事珠算、珠心算算理算法研究和教学已近 40 年，不仅在理论研究上有独特的见解和成果，还亲自搞试验培养儿童学习珠心算，参与国家《珠心算教练师国家执业标准》的制定编写工作，并为山东及全国培养了多批珠心算教师。她编写的教材在教学中广受师生欢迎，是一套特别适用的好教材。这次她结合自己多年来的珠心算教学经验和研究成果，在原来已编写教材的基础上，倾心血再次编写了这套珠心算丛书，是对珠心算事业发展的重大贡献。

　　该书内容翔实，结构合理，许多知识为便于儿童记忆还编成了儿歌、口诀，内容丰富多彩，教学模式灵活多样。教材中每个内容如同一个教案，适合老师备课，家长指导，学生学习、演练。在编写的过程中，作者还注重了珠心算与小学数学的融合，使珠心算与笔算及实际应用有机结合，数理简明，计算程序清晰。教材设计上风格独特，版面美观，符合儿童的心理特点，吸引儿童对珠心算的学习兴趣。本教程将会为推广和普及珠心算发挥积极的重要作用。

　　本套教材是山东省珠算协会统一组织编写的，是山东省珠心算教材编审委员会组织编写的系列教材之一，可用于教师教学、学生学习用书和珠心算爱好者研习之用。

　　借此郑重推荐，以资推广使用。

宋新生
2015 年 6 月

 ## 编写说明

为了加快推进珠心算素质教育，近期我省根据非物质文化遗产法和素质教育有关文件要求，先后出台了《山东省珠心算纳入素质教育项目资金管理办法》《财政专项彩票公益金支持素质教育珠心算省级项目及资金管理办法》《山东省珠心算教练师培训计划》等一系列支持珠心算保护、传承、发展的措施，为使这些措施尽快落到实处，加大培训力度，我们组织编写了山东省珠心算培训系列教材，本套教材可供教师教学、学生学习之用，也适用于珠心算爱好者自学。

珠心算，形象地说就是在脑子里打算盘，它是以珠算为基础，通过实际拨珠训练，到模拟拨珠训练，再过渡到映像拨珠，最终在脑中形成珠像运动进行计算的一种技能。珠心算对于开发儿童智力，培养儿童记忆力、理解力、注意力和思维能力，都具有独特的功能。近年来，许多国家和地区也在研究和推广。现在我国正在全面普及，各省已在部分幼儿园、小学开设了珠心算课程并已取得了显著的效果，一科学习，多科收益。

2013年12月4日联合国教科文已将"中国珠算"列入人类非物质文化遗产代表作名录，并指出，这是世界上另一种值得保护的知识体系。世界珠算心算联合会已将每年的8月8日定为世界珠算日。国家劳动和社会保障部也于2004年颁布了珠心算教练师职业标准。由教育部科研所和中国珠算心算协会委托有关科研机构开展"珠心算教育具有开发儿童智力潜能作用研究"课题研究也已全部结题，这些课题分别从实验跟踪和脑机制等多个层面证实了珠心算教育对儿童脑力开发的巨大作用。

为适应珠心算教学的需要，我们委托珠心算专家苑玉敏教授在她历年来编著的珠心算教材的基础上编写了这套《珠心算教程》，作为青少年、儿童学习训练和教师备课参考用书。

本教材共分四册，第一、二册介绍了珠心算的加减法，第三、四册介绍了珠心算乘除法。在内容上力求与小学数学接轨和创新，知识上融合，便于儿童易学、易懂、易应用。本教材内容丰富，结构合理，文字通俗易懂，图像简洁明了，将珠算与心算、笔算有机结合，并配有儿歌、游戏、插图，图文并茂，融趣味性、知识性、娱乐性于一体，适合于儿童生理、心理特点。书中还介绍了从高位算起的笔算加减法和"一口清"珠心算乘法，供大家选学。

本教材承蒙世界珠算心算联合会和中国珠算心算协会原会长、财政部原常务副部长迟海滨先生题词，中国珠算心算协会副会长、山东财政厅副巡视员宋新生先生作序。在本教材编写出版过程中我们得到了中国珠算心算协会领导、省内外珠心算专家的指导和经济科学出版社吕萍总编辑的大力支持，在此一并表示感谢。由于编者水平所限，在编写的过程中，难免有不妥之处，敬请珠心算同仁和读者批评指正。

山东珠算协会

2015年6月

目 录

第一单元　乘法的运算规律 …………………… 1

第二单元　乘数是两位数的珠算乘法………… 4

第三单元　乘数是两位数的珠心算乘法…… 12

第四单元　珠心算乘法、笔算乘法、
　　　　　 心算乘法结合训练 …………… 22

第五单元　除数是两位数的珠算除法……… 27

第六单元　除数是两位数的珠心算
　　　　　 除法 ……………………………… 33

第七单元　珠算、笔算、心算结合
　　　　　 除法训练 ……………………… 41

第八单元　乘法的定位……………………… 47

第九单元　多位数珠算乘法 ……………… 52

第十单元　多位数珠心算乘法 …………… 58

第十一单元　除法的定位 ………………… 69

第十二单元　多位数珠算除法 …………… 72

第十三单元　多位数珠心算除法 ………… 81

第十四单元　珠心算"一口清"乘法
　　　　　　（选学）……………………… 90

附录：中国珠算心算协会少儿珠心算
　　　等级鉴定标准（试行）……………… 101

全国珠算式心算等级证书样本

证书一

中华人民共和国
珠算式心算等级鉴定证书

姓名 _____
性别 _____
民族 _____
出生日期 _____
单位 _____

经 ___ 年 ___ 月 ___ 日参加
全国珠算式心算等级鉴定达到
捌 级标准特颁发合格证书

中国珠算协会（盖章）

编号：中珠心算 字第 ___ 号 ___ 年 ___ 月 ___ 日

证书二

中华人民共和国
珠算式心算等级鉴定证书

姓名 _____
性别 _____
民族 _____
出生日期 _____
单位 _____

经 ___ 年 ___ 月 ___ 日参加
全国珠算式心算等级鉴定达到
玖 级标准特颁发合格证书

中国珠算协会（盖章）

编号：中珠心算 字第 ___ 号 ___ 年 ___ 月 ___ 日

证书三

中华人民共和国
珠算式心算等级鉴定证书

姓名 _____
性别 _____
民族 _____
出生日期 _____
单位 _____

经 ___ 年 ___ 月 ___ 日参加
全国珠算式心算等级鉴定达到
拾 级标准特颁发合格证书

中国珠算协会（盖章）

编号：中珠心算 字第 ___ 号 ___ 年 ___ 月 ___ 日

第一单元　乘法的运算规律

 一、乘法的运算规律

乘法的交换律

乘法的交换律是指被乘数、乘数互换位置，乘积不变（a×b=b×a）。

如：4×3=3×4

23×65=65×23

2×456=456×2

运用乘法的交换律可以将位数较少的被乘数与位数较多的乘数互换位置，以加速计算，减少差错。如2×456中可以把456看作被乘数，2作为乘数。

乘法的交换律我们在上册已经学过，你能用交换率计算下列各题吗？

37×3=　　　　7×89=　　　　6×54=

456×4=　　　9×3 784=　　8×9 657=

68×9=　　　　6×54=　　　　2×234=

139×7=　　　5×2 018=　　7×6 073=

 二、乘法的结合律

乘法结合律是指三个数相乘，先把前两个数相乘，再乘以第三个数；或者先把后两个数相乘，再和第一个数相乘，所得的积相等（a×b×c=a×（b×c））。

如：3×4×2=3×（4×2）

25×76×4=76×（25×4）

125×94×8=94×（125×8）

【例】国华算盘厂制小算盘，每面算盘有13档，每档有5颗算珠，10面算盘需要算珠多少颗？请小朋友列出两种算式。

（1）5×13×10=（5×13）×10=65×10=650（颗）

（2）5×13×10=5×（13×10）=5×130=650（颗）

答：10面算盘需要算珠650颗。

第一单元 乘法的运算规律

小朋友,你能说出第一种算法先求什么,再求什么?

第二种算法先求什么,再求什么?

以上两种算式都得乘积650颗,所以:

$5 \times 13 \times 10 = (5 \times 13) \times 10$
$= 5 \times (13 \times 10)$

运用乘法的结合律可以将相乘中积数为整数的提出来先乘,然后再与另一乘数相乘,如 $125 \times 94 \times 8$,可以先将125与8相乘,积数为1 000,然后再与94相乘,即94后面加上三个零,就能很快计算出结果为94 000。

$125 \times 94 \times 8 = (125 \times 8) \times 94$
$= 1\,000 \times 94$
$= 94\,000$

三、乘法的分配律

乘法分配律是指两个数的和(或差)与一个数相乘,等于用两个加数(或减数)分别与这个数相乘,再把两个积相加(或相减)$(a+b) \times c = a \times c + b \times c$
或 $(a-b) \times c = a \times c - b \times c$

如:$85 \times 107 = 85 \times (100+7)$
$= 85 \times 100 + 85 \times 7$
$= 8\,500 + 85 \times 7$

$32 \times 998 = 32 \times (1\,000-2)$
$= 32 \times 1\,000 - 32 \times 2$
$= 32\,000 - 32 \times 2$

【例】阳光幼儿园六一儿童节演出,买一件上衣需要60元,买一条裤子需要20元,买5套演出服共需要多少钱?请小朋友列出两种算式来。

(1)$(60+20) \times 5 = 80 \times 5 = 400$(元)

第一单元 乘法的运算规律

(2) 60×5+20×5=300+100=400（元）

答：买5套演出服需要400元。

小朋友，你能说出第一种算法先求什么，再求什么？

第二种算法先求什么，再求什么？

以上两种算式都得乘积400元，所以：

(60+20)×5=60×5+20×5

练一练

(1) 45×(10+6)=45×___+45×___=___

(2) 72×9+28×9=(___+___)×9=___

(3) 154×4−54×4=(___−___)×4=___

(4) 698×8=698×(10−2)=698×10−698×___=___

(5) 27×98=27×(100−2)=27×100−27×___=___

(6) 99×68=(100−1)×68=100×68−68=___

(7) 52×98=52×(100−2)=52×100−52×2=___

(8) 102×53=(100+2)×53=100×53+2×53=___

思维游戏

一串珠子按下图这样排列，请问：第32颗珠子是什么颜色？第59颗呢？

第二单元　乘数是两位数的珠算乘法

一、两位数乘法的基本方法

定义：被乘数和乘数都含有两位数字的乘法，称为两位数乘法，也叫多位数乘法。

两位数乘法的具体运算步骤如下：

（1）乘的顺序：先用乘数的第一位同被乘数的第一位、第二位相乘；再用乘数的第二位同被乘数的第一位、第二位相乘。

如：26×87=2 262

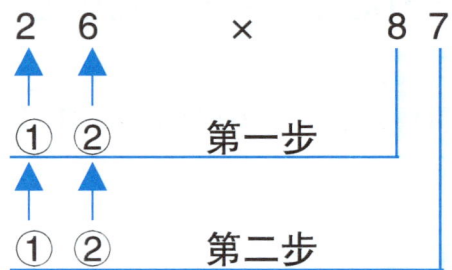

对应的盘式图：

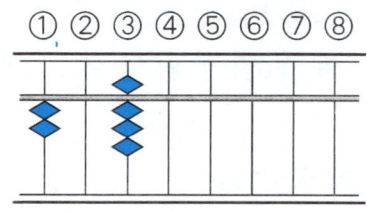 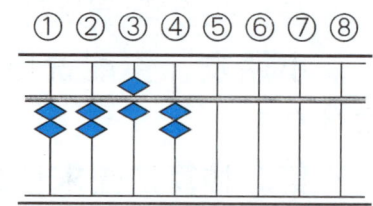

（2）加积档次：乘数是第几位，它和被乘数最高位相乘时，其积的十位数就拨加在算盘左边第几档上，如果积的十位数是"0"，以空档表示，仍用"上次积的十位数，是本次积的个位数"的规律逐次退位叠加。

（3）乘积：所有乘数和被乘数全部乘完，盘上靠梁的算珠即为积的有效数字。

在乘法运算过程中，为了迅速而准确地计算出乘积来，要心记乘数，眼看默念被乘数，左手食指点住资料，右手食指点住该步运算的起点档，迅速反映乘积。

第二单元　乘数是两位数的珠算乘法

二、运算实例

1. 首（第一位）积都进位，前位错位加。

【例1】 82×69=5 658

① 脑记乘数首位6，眼看被乘数82，从算盘左边第一档起加乘数首位6与被乘数82的乘积492（图1）。

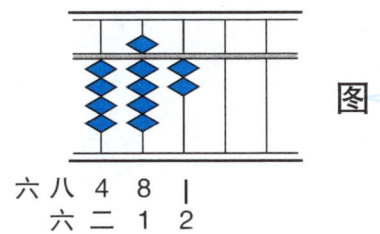

图1

六八 4 8 ｜
六二 　1 2

② 从算盘左边第二档起加乘数第二位9与被乘数82的乘积738（图2），乘积为5 658。

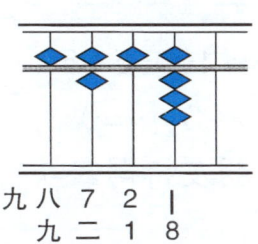

图2

九八 7 2 ｜
九二 　1 8

计算下列各题：

79×34=　　　86×36=　　　83×54=
67×58=　　　59×38=　　　46×97=
87×29=　　　52×96=　　　78×83=
79×37=　　　68×23=　　　96×42=

乘法规律歌

多位数珠心算乘法，计算时，脑记乘数，眼看默念被乘数，从高位乘起，找准档位用"九九一口清"递位相加，部分乘积边算，边数译珠，边写出乘积。

第二单元 乘数是两位数的珠算乘法

2. 首进后不进，隔位相加。

【例2】32×41=1 312

① 脑记乘数首位（第一位）4，眼看被乘数32，从算盘左边第一档加乘数首位4与被乘数32的乘积128（图1）。

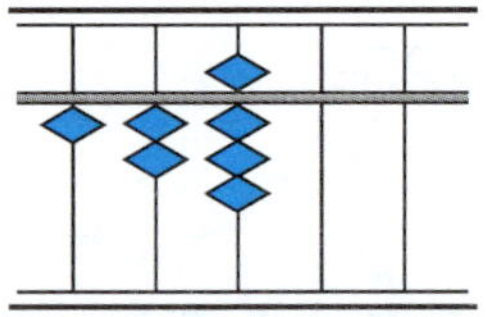

图1

四三 1 2 ⎮
四二 0 8

② 从算盘左边第二档加乘数第二位1与被乘数32的乘积032（图2），乘积为1 312。

图2

一三 0 3 ⎮
一二 0 2

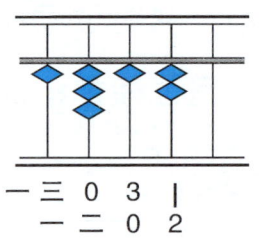

计算下列各题：

48×52=   32×73=   45×71=
83×43=   89×61=   74×32=
54×81=   47×42=   56×91=
42×22=   76×31=   43×62=

74×61=   54×32=
86×21=   97×31=
24×83=   13×96=
39×41=   27×82=

打百子

1+2+3+…+100=5 050
5 050-1-2-3-…=0
看哪个小朋友打得最快？

第二单元 乘数是两位数的珠算乘法

3. 首不进后进，同位相加。

【例3】357×24=8 568

① 脑记乘数首位2，眼看被乘数357，从算盘左边第一档加乘数首位2与被乘数357的乘积0 714（图1）。

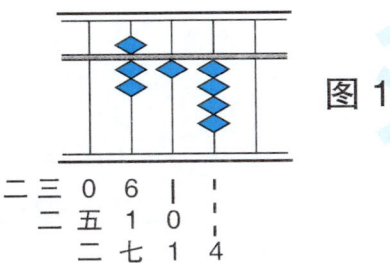

图1

二三 0 6 | |
二五 1 0 | |
二七 1 4

② 从算盘左边第二档加乘数第二位4与被乘数357的乘积1 428（图2），乘积为：8 568。

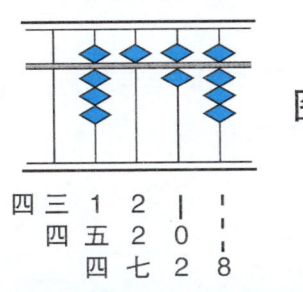

图2

四三 1 2 | |
四五 2 0 | |
四七 2 8

练一练

57×18=   38×17=   496×29=
69×19=   932×16=   37×26=
36×27=   25×37=   234×38=
432×26=   431×27=   431×27=

358×14=   24×43=
536×18=   45×18=
342×49=   286×19=
256×36=   457×25=

思维游戏

看算式，填（　），并口述解题的思考途径。

```
    团结
   大团结
 + 庆大团结
 ─────────
   1 9 8 9
```

庆 =（　）
大 =（　）
团 =（　）
结 =（　）

第二单元　乘数是两位数的珠算乘法

4. 首积都不进，本位错位相加。

【例4】21×32=672

① 脑记乘数首位3，眼看被乘数21，从算盘左边第一档起拨加乘数首位3与被乘数21的乘积063（图1）。

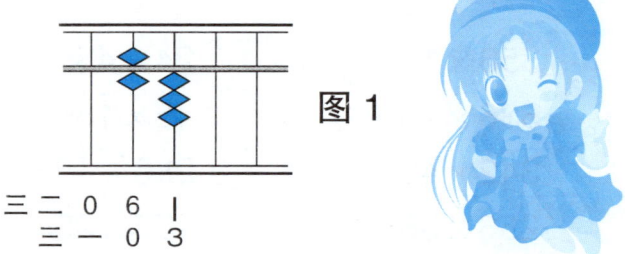

图1

② 从算盘左边第二档加乘数第二位2与被乘数21的乘积042（图2），乘积为：672。

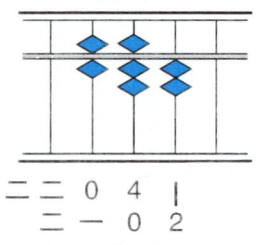

图2

练一练

23×41=　　42×21=　　42×12=
34×12=　　24×11=　　122×23=
114×23=　　41×21=　　231×23=
231×32=　　142×23=　　312×23=

25×13=　　34×22=
532×11=　　321×12=
425×21=　　123×32=
897×11=　　253×31=

算算看

小洪在花园里种了9棵茉莉花，平均分成3行，每行4棵。你知道他是怎么种的吗？请用示意图表示出来，并说说你是怎么想的。

第二单元 乘数是两位数的珠算乘法

用算盘综合计算下列各题目：

NO.	A		NO.	B	
1	45×27=	82×37=	1	68×24=	23×78=
2	567×17=	37×91=	2	82×37=	89×34=
3	67×32=	95×17=	3	37×81=	23×67=
4	28×36=	27×68=	4	624×91=	462×62=
5	872×72=	743×24=	5	304×29=	165×43=
6	671×76=	528×52=	6	319×68=	85×51=
7	52×46=	12×96=	7	314×57=	102×63=
8	341×32=	301×58=	8	604×85=	564×29=
9	612×53=	952×67=	9	438×25=	965×73=
10	523×87=	694×38=	10	742×61=	894×39=
11	615×71=	162×86=	11	947×38=	902×65=
12	248×92=	567×25=	12	704×56=	327×46=

珠心算教程

第二单元 乘数是两位数的珠算乘法

珠心算乘法练习题

1	208×94=	1	96×402=	1	42×703=
2	63×15=	2	51×23=	2	21×85=
3	75×206=	3	307×16=	3	65×201=
4	94×72=	4	96×87=	4	709×58=
5	31×409=	5	204×75=	5	94×73=
6	84×69=	6	83×904=	6	306×14=
7	708×51=	7	128×93=	7	85×496=
8	42×358=	8	42×31=	8	82×67=
9	12×87=	9	75×648=	9	173×92=
10	596×37=	10	69×57=	10	54×36=

第二单元　乘数是两位数的珠算乘法

珠心算乘法练习题

1	61×85=	1	97×24=	1	83×709=
2	107×34=	2	705×21=	2	46×83=
3	25×409=	3	36×85=	3	204×98=
4	32×94=	4	38×609=	4	17×25=
5	81×502=	5	19×56=	5	105×74=
6	49×71=	6	408×73=	6	63×102=
7	603×72=	7	21×905=	7	79×48=
8	75×68=	8	624×38=	8	92×364=
9	548×13=	9	87×12=	9	39×52=
10	97×236=	10	51×437=	10	578×61=

第三单元 乘数是两位数的珠心算乘法

一、乘数是两位数的模拟乘珠心算

在熟练掌握珠算乘法和一位数珠心算乘法的基础上，可进行多位数珠心算乘法的模拟训练，这就要求对乘数是一位数的乘法必须达到脱口而出的程度，并且多位数多笔珠心算加法水平得到提高。学习时，可先模拟乘珠心算，待熟练掌握后，再训练直接看心算。

总结为：计算多位数模拟乘珠心算时，眼看算题，从高位乘起，找准档用"九九一口清"递位相加，部分乘积边算、边数译珠、边写出乘积。

1. 首（第一位）积都进位，前位错位加。

【例1】$72 \times 98 = 7056$

模拟盘式图如下：

```
  ① ② ③ ④ 档次
  6 4 8 …………（72×9 的一口清）
    5 7 6 ……（72×8 的一口清）
  7 0 5 6 …… 位积 = 本个 + 后进
```

画珠像：

【例2】$56 \times 73 = 4088$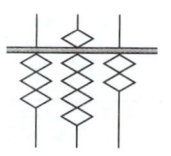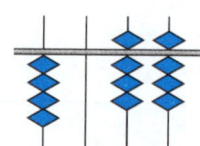

照样子画珠图：

（1） $95 \times 87 =$

（2） $45 \times 39 =$

（3） $57 \times 82 =$

（4） $32 \times 59 =$

第三单元　乘数是两位数的珠心算乘法

2. 首进后不进，隔位相加。

【例3】743×61=45 323

模拟盘式图如下：

①	②	③	④	⑤	档次
4	4	5	8		……（743×6的一口清积）
	0	7	4	3	……（743×1的一口清积）
4	5	3	2	3	……乘积＝本个＋后进

（2）75×31=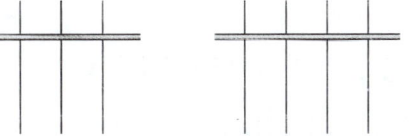

（3）298×82=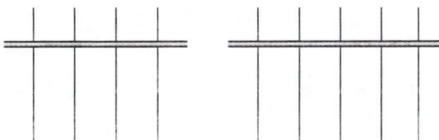

（4）567×41=

画珠像：

【例4】45×31=1 395　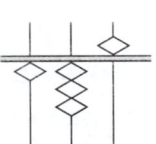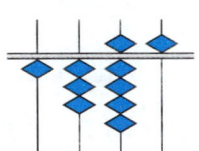

（5）614×51=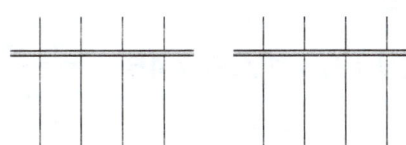

照样子画珠图：

（6）213×72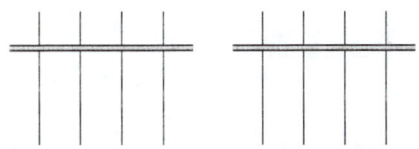

（1）65×82=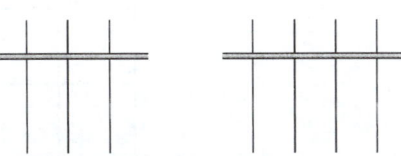

第三单元 乘数是两位数的珠心算乘法

3. 首不进后进，同位相加。

【例5】493×18=8 874

模拟盘式图如下：

① ② ③ ④ ⑤ 档次

  0 4 9 3 ………（493×1 的一口清积）

     3 9 4 4 ……（493×8 的一口清积）

  8 8 7 4 …… 乘积 = 本个 + 后进

（2）45×27=

（3）238×15=

（4）735×14=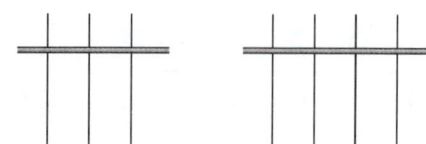

画珠像：

【例6】85×17=1 445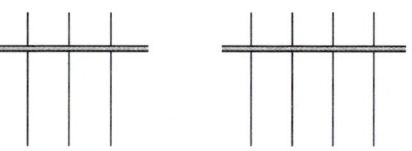

照样子练练看：

（1）35×19=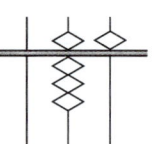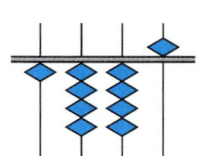

思维游戏

把 10、12、14 这三个数填在图的方格中，使每行、每列和每条对角线上的三个数之和都相等。

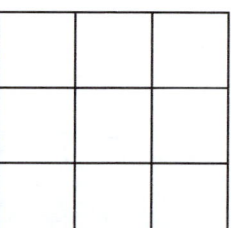

第三单元 乘数是两位数的珠心算乘法

4. 首积都不进，本位错位相加。

【例7】126×34=4 284

模拟盘式图如下：

① ② ③ ④ ⑤ 档次

 0 3 7 8 ………（126×3的一口清积）

  0 5 0 4 ……（126×4的一口清积）

 4 2 8 4 ……乘积＝本个＋后进

画珠像：

【例8】24×12=288

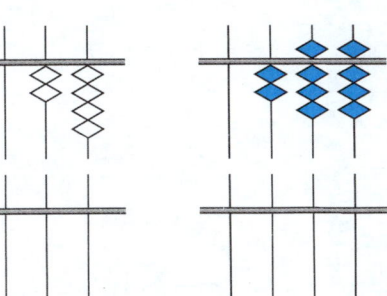

照样子练练看：

（1） 35×11=

（2） 23×32=

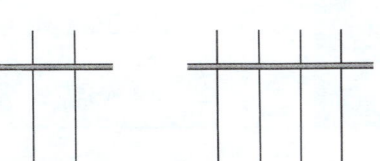

（3） 231×12=

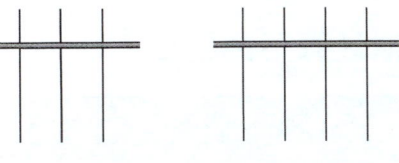

（4） 134×21=

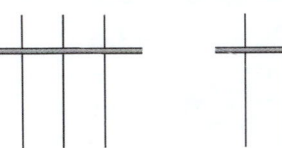

练一练

1. 错位加法练习题：

42	78	67	96	53	45	78
35	91	28	28	69	38	59

52	83	97	34	68	92	54
67	53	48	69	72	84	39
78	64	21	75	19	37	21

34	56	78	92	65	17	43
52	36	91	87	29	63	87
63	25	18	35	42	72	81

第三单元 乘数是两位数的珠心算乘法

2. 模拟计算下列题目：

NO.	A		NO.	B	
1	27×38=	42×69=	1	52×31=	23×78=
2	89×17=	67×54=	2	67×65=	89×34=
3	35×92=	38×32=	3	41×47=	35×67=
4	76×45=	96×17=	4	89×90=	46×62=
5	542×72=	524×24=	5	902×73=	165×43=
6	314×93=	371×52=	6	381×59=	805×51=
7	96×46=	453×96=	7	475×87=	712×76=
8	809×25=	529×58=	8	764×64=	375×58=
9	324×73=	391×42=	9	381×59=	918×72=
10	926×56=	468×17=	10	674×82=	212×36=
11	502×35=	507×26=	11	367×54=	567×48=
12	941×27=	629×38=	12	276×63=	375×96=

第三单元 乘数是两位数的珠心算乘法

二、直接看（或听）珠心算

多位数乘法直接看心算，难度略大，因为大脑需要瞬时记忆，需要边累加边储存，因此，学习时在掌握了珠算乘法和模拟乘的基础上，逐步引入看珠心算乘法，可先从2位乘一位、3位乘一位、两位乘两位开始学习和训练，由浅入深，每增加一位可由算盘导入。

【例1】48×67=3 216

运算步骤

①眼看算题，48×6的"九九一口清"乘积288，脑中直接从首档起呈现珠像图。

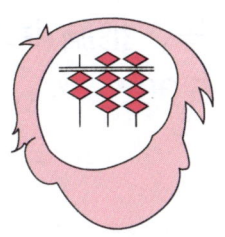

②眼看被乘数，48×7的"九九一口清"乘积336，边乘边在脑中第一步结果的盘式图第二档上错位相加，显示新的珠像图，计算完毕，把脑中珠像图写成得数3 216，乘积为3 216。

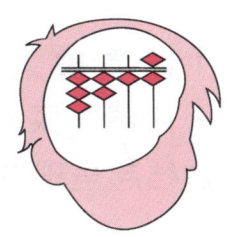

【例2】24×27=648

①眼看被乘数，24×2的"九九一口清"乘积048，脑中直接从首档起呈现珠像图。

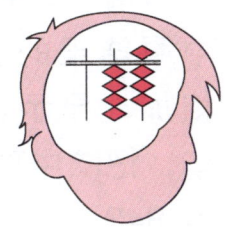

②眼看被乘数，24×7的"九九一口清"乘积168，脑累加显示新的珠像图0 648，乘积为648。

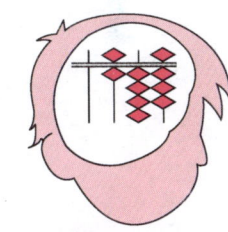

第三单元　乘数是两位数的珠心算乘法

【例3】456×83=37 848

① 眼看被乘数，456×8的"九九一口清"乘积3 648，脑中直接从首档起呈现珠像图。

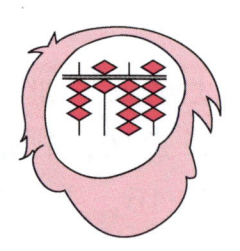

② 眼看被乘数，456×3的"九九一口清"乘积1 368，边乘边在脑中原结果的盘式图第二档上错位相加，显示新的珠像图，计算完毕，把脑中珠像图写成数，乘积为37 848。

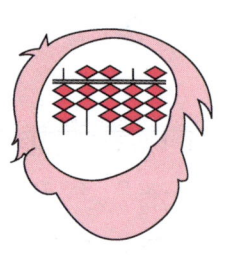

【例4】234×23=5 382

① 眼看被乘数，234×2的"九九一口清"乘积0 468，脑中直接从首档起呈现珠像图。

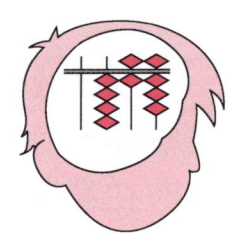

② 眼看被乘数，234×3的"九九一口清"乘积0 702，边乘边在脑中第一结果的盘式图第二档上错位相加，显示新的珠像图，计算完毕，把脑中珠像图写成数，乘积为5 382。

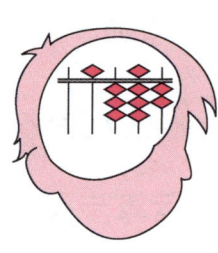

第三单元 乘数是两位数的珠心算乘法

1. 画珠像：

| 62×39= | 87×36= | 54×18= | 62×79= | 37×41= | 26×57= | 84×95= | 68×94= |

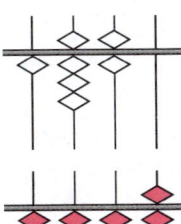

| 235×72= | 468×93= | 785×62= | 593×81= | 697×25= | 364×87= | 901×46= | 258×51= |

第三单元　乘数是两位数的珠心算乘法

2. 直接看心算计算下列题目：

NO.	A		NO.	B	
1	32×48=	78×63=	1	91×31=	36×18=
2	58×127=	34×84=	2	72×65=	45×39=
3	67×32=	29×12=	3	65×47=	92×27=
4	94×46=	67×27=	4	41×90=	87×61=
5	276×24=	328×94=	5	329×93=	290×23=
6	328×93=	902×32=	6	904×69=	217×57=
7	456×36=	571×32=	7	678×74=	563×46=
8	109×27=	643×57=	8	829×25=	859×53=
9	234×78=	509×41=	9	450×23=	672×89=
10	571×29=	873×65=	10	673×89=	521×45=
11	809×32=	674×90=	11	903×67=	673×29=
12	109×27=	345×28=	12	324×25=	789×32=

第三单元 乘数是两位数的珠心算乘法

3. 计算下表的积，先珠算，再心算：

被乘数＼乘数（积）	32	45	62	74	98	83	76	51
23								
52								
67								
89								
21								
602								
748								
359								
482								
617								
592								

珠心算教程

第四单元 珠心算乘法、笔算乘法、心算乘法结合训练

在讲加减法时,曾讲到为和小学数学密切结合,可将珠算加减方法用到笔算中去。除心算同加减法一样,也可结合进行运算,通过多练珠算、笔算,来加深"脑像图"。

【例1】72×64=4 608

珠算

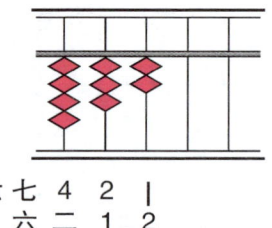

六七 4 2 1
六二 1 2

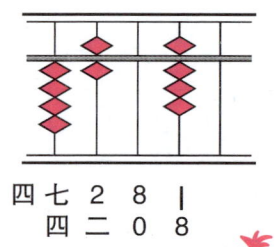

四七 2 8 1
四二 0 8

笔算(也从高位乘起)

```
    7 2
  × 6 4
  ─────
  4 3 2 ……(6×72)
  2 8 8 ……(4×72)
  ─────
  4 6 0 8 ……(从高位加起)
```

心算

72×64
=432(心想6×72的积)
 +288(心想4×72的积)
=4 608(错位相加)

思维游戏

下图是由四个扁而长的圆圈组成的,在交点处有8个小圆圈,请你把1、2、3、4、5、6、7、8这八个数分别填在8个小圆圈中,要求每个扁长圆圈上的四个数字的和都等于18。

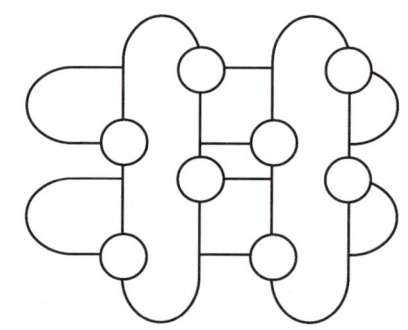

第四单元 珠心算乘法、笔算乘法、心算乘法结合训练

【例2】863×47=40 561

珠算

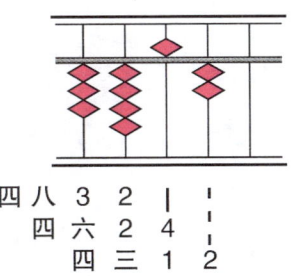

四	八	3	2	1		
	四	六	2	2		
			2	4		
		四	三	1	2	

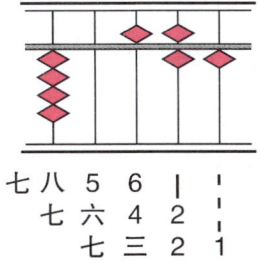

七	八	5	6			
	七	六	4	2	2	
		七	三	2	2	1

心算

863×47
=3 452（心想4×863的积）
+6 041（心想7×863的积）
=40 561（错位相加）

笔算（也从高位乘起）

```
    8 6 3
  ×   4 7
  -------
    3 4 5 2
      6 0 4 1
  -------
  4 0 5 6 1
```

练一练

将下列各题参照例题分别写出珠算、笔算、心算算式。

63×82=   37×25=
56×94=   42×76=
954×67=   318×564=
296×78=   192×738=

第四单元 珠心算乘法、笔算乘法、心算乘法结合训练

【例3】437×39=17 043

珠算

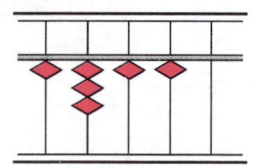
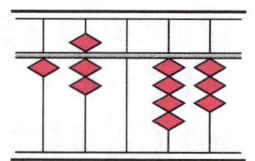

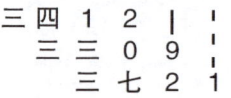

笔算（也从高位乘起）

```
      4 3 7
  ×     3 9
  ─────────
    1 3 1 1
    3 9 3 3
  ─────────
  1 7 0 4 3
```

心算

437×39
=1 311（心想3×437的积）
+3 933（心想9×437的积）
=1 7 043（错位相加）

练一练

先珠算，再笔算、心算下列各题：

56×28=   39×73=
98×27=   24×91=
67×95=   89×23=
914×35=   617×27=
216×29=   398×84=
318×14=   902×65=

92×61=   38×29=
73×85=   46×73=
96×35=   28×67=
341×95=   572×61=
427×53=   210×67=
854×32=   276×19=

24

第四单元　珠心算乘法、笔算乘法、心算乘法结合训练

珠心算乘法练习题

1	89×15=	1	47×53=	1	14×32=
2	302×54=	2	98×306=	2	603×45=
3	91×608=	3	84×15=	3	79×86=
4	76×42=	4	57×809=	4	407×18=
5	405×27=	5	406×57=	5	93×607=
6	19×304=	6	75×69=	6	35×26=
7	687×91=	7	103×42=	7	28×509=
8	24×83=	8	23×78=	8	85×41=
9	35×729=	9	671×83=	9	58×743=
10	51×63=	10	25×941=	10	162×97=

第四单元　珠心算乘法、笔算乘法、心算乘法结合训练

珠心算乘法练习题

#		#		#	
1	609×32=	1	79×205=	1	104×87=
2	14×38=	2	308×19=	2	17×42=
3	57×102=	3	56×407=	3	92×506=
4	92×65=	4	94×15=	4	69×35=
5	49×706=	5	802×63=	5	308×72=
6	308×57=	6	63×78=	6	81×23=
7	73×24=	7	52×398=	7	74×109=
8	815×93=	8	23×54=	8	48×67=
9	65×89=	9	417×82=	9	53×189=
10	26×471=	10	17×96=	10	265×94=

第五单元　除数是两位数的珠算除法

一、多位数商除法定义

除数为两位或两位以上非零数字的除法叫多位数除法。

运算方法与步骤如下：

（1）置数：从算盘左边第三档起拨入被除数，默记除数。

（2）试商原则："够除隔位置商，不够除挨位置商"来确定置商档位。先比较第一位，若被除数首位大于除数首位，隔位置商；小于除数首位，挨位置商。若被除数首位与除数首位相等，比较第二位，若第二位也相等，比较第三位……若被除数与除数各位都相等，应隔位置商。

（3）减乘积：置商后，用商与除数的各位数由高位到低位依次相乘，从被除数中递位叠减。减积的档次规则是：除数是几位，它与商相乘，其积的十位数从商右边的第几档减去，个位数在下一档减去。上次减积的个位档就是本次减积的十位档。为避免在运算中错档，可用中指点档，手不离档，依次相减。且要注意口诀中数码为0时，该0也占相应的档位，不能忽略。

试商规则

够除隔位商，
不够除挨位商。

第五单元　除数是两位数的珠算除法

二、商除法实例

1. 够除隔位商，隔位减乘积。

【例1】736÷23=32

①置数：从算盘左边第三档起拨入被除数736，默记除数23，如图1所示。

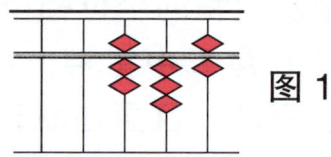
图1

②求第一位商：7大于2，够除，应隔位置商3，从商的右档隔位减去乘积"三二06""三三09"，余数为46，如图2所示。

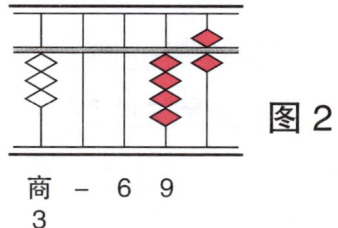
图2
商－69
3

③求第二位商：46大于23，够除，隔位置商2，从商的右档隔位减去乘积"二二04""二三06"，正好除尽，盘上得数为32，如图3所示。

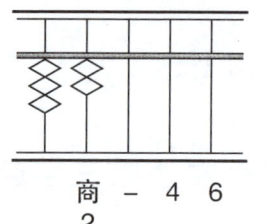
图3
商－46
2

商为32。

【例2】7854÷34=231

①置数：从算盘左边第三档起拨入被除数7854，默记除数34，如图4所示。

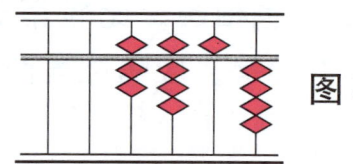
图4

第五单元　除数是两位数的珠算除法

②求第一位商：7大于3，够除，应隔位置商2，从商的右一档隔位减去乘积"二三06""二四08"，余数为1 054，如图5所示。

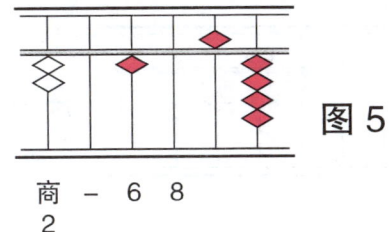
图5
商－6 8
　2

③求第二位商：1小于3，不够除，挨位置商3，从商的右档挨位减去乘积"三三09""三四12"，余数为34，如图6所示。

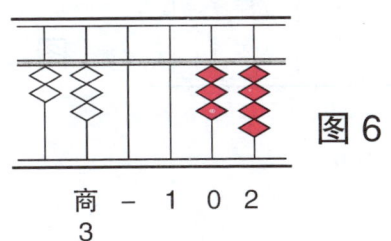
图6
商－1 0 2
　　　　3

④求第三位商：34等于34，够除，隔位置商1，从商的右档减去乘积"一三03""一四04"，正好除尽，如图7所示。

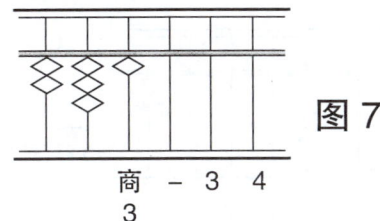
图7
商－3 4
　　　3

商为231。

2. 不够除挨位商，挨位减乘积。

【例3】6 762÷69=98

①置数：从算盘左边第三档起拨入被除数6 762，默记除数69，如图8所示。

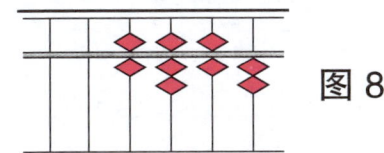
图8

第五单元　除数是两位数的珠算除法

② 求第一位商：67小于69，不够除，应挨位置商9，从商的右档挨位减去乘积"九六54""九九81"，余数为552，如图9所示。

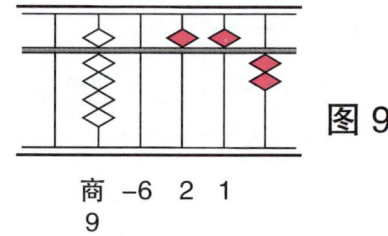

图9

商 −6 2 1
　　9

③ 求第二位商：5小于6，不够除，挨位置商8，从商的右档挨位减去乘积"八六48""八九72"，正好除尽，盘上得数为98，如图10所示。

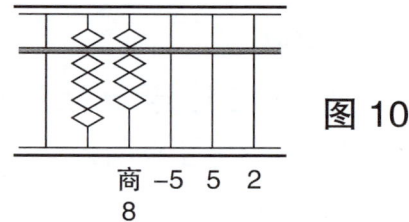

图10

商 −5 5 2
　　8

商为98。

【例4】1 725÷25=69

① 置数：从算盘左边第三档起拨入被除数1 725，默记除数25，如图11所示。

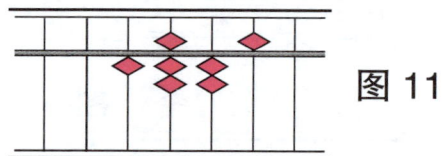

图11

② 求第一位商：1小于2，不够除，挨位置商6，从商的右一档挨位减去乘积"六二12""六五30"，余数为225，如图12所示。

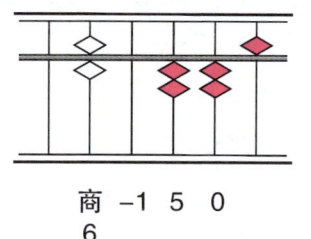

图12

商 −1 5 0
　　6

第五单元　除数是两位数的珠算除法

③ 求第二位商：22 小于 25，不够除，挨位置商 9，从商的右一档挨位减去乘积"九二 18""九五 45"，正好除尽，如图 13 所示。

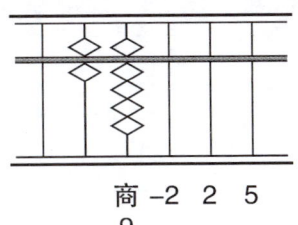

图 13

商为 69。

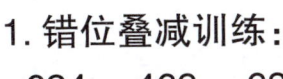

1. 错位叠减训练：

624	469	632	186	360	497	603	801
−56	−42	−56	−18	−35	−49	−54	−72
−64	−49	−72	−06	−10	−07	−63	−81

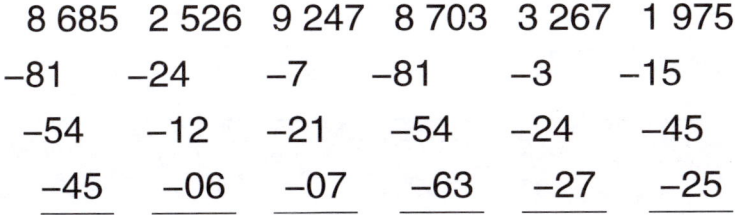

8 685	2 526	9 247	8 703	3 267	1 975
−81	−24	−7	−81	−3	−15
−54	−12	−21	−54	−24	−45
−45	−06	−07	−63	−27	−25

2. 用算盘计算下列各题的商：

3 243 ÷ 69 =　　　468 ÷ 26 =　　　2 812 ÷ 74 =

3 269 ÷ 69 =　　　1 544 ÷ 37 =　　　1 152 ÷ 96 =

7 675 ÷ 25 =　　　312 ÷ 24 =　　　391 ÷ 17 =

925 ÷ 37 =　　　127 ÷ 23 =　　　3 116 ÷ 41 =

1 725 ÷ 75 =　　　1 665 ÷ 37 =　　　1 972 ÷ 29 =

1 792 ÷ 32 =　　　784 ÷ 49 =　　　4 284 ÷ 51 =

1 134 ÷ 63 =　　　1 950 ÷ 26 =　　　4 032 ÷ 96 =

4 183 ÷ 47 =　　　1 764 ÷ 28 =　　　714 ÷ 21 =

617 ÷ 17 =　　　5 915 ÷ 65 =

4 277 ÷ 91 =　　　1 455 ÷ 15 =

5 166 ÷ 63 =　　　962 ÷ 13 =

6 408 ÷ 89 =　　　1 900 ÷ 25 =

第五单元 除数是两位数的珠算除法

3. 计算下表：

题号	被除数	除数	商	题号	被除数	除数	商
1	6 762	69		1	1 027	13	
2	2 520	35		2	1 525	25	
3	1 008	28		3	4 779	81	
4	1 440	96		4	3 456	72	
5	3 096	72		5	2 072	56	
6	4 899	71		6	936	39	
7	2 523	29		7	1 725	25	
8	2 210	85		8	4 464	93	
9	1 162	14		9	3 876	51	
10	3 060	68		10	598	46	

第六单元　除数是两位数的珠心算除法

一、模拟珠心算除法

珠心算除法是在掌握了珠算除法的运算方法和步骤的基础上来进行学习的，其运算过程与珠算除法相同，不同点在于由算盘的实拨变成脑中虚拨，方法是：每次估商后，用"九九口诀一口清"得出所求商数，从被除数中直接减去乘积，写出商数。其优点是：把单积叠位累减改成了群积一次总减，其运算方法和步骤跟珠算除法相同。

具体运算步骤如下：

（1）脑中虚算盘上置数。

（2）写商：用大九九口诀心算估商，估商时，看被除数内包含几个除数，脑中虚算盘就商几。

（3）乘减：用商数与除数相乘，并将所得"九九一口清"乘积从被除数中减去。

1. 够除隔位商，隔减"九九一口清"乘积。

【例1】7 811÷73=107

①	②	③	④	⑤	⑥	⑦	⑧	档次
			7	8	1	1		
1		−7	3					商1，减 1×73 → 73
		0		5	1	1		商0，落下一位1
			7	−5	1	1		商7，减 7×73 → 511
					0			正好除尽

最后得商数为107。

第六单元 除数是两位数的珠心算除法

【例2】 59 584÷14=4 256

①	②	③	④	⑤	⑥	⑦	⑧	档次
	5	9	5	8	4			
4		−5	6					商4，减4×14 → 56
			3	5				落下一位5
	2		−2	8				商2，减2×14 → 28
				7	8			落下一位8
		5		−7	0			商5，减5×14 → 70
					8	4		落下一位4
			6		−8	4		商6，减6×14 → 84
						0		正好除尽

2. 不够除挨位商，挨减"九九一口清"乘积。

【例3】 4 185÷45=93

①	②	③	④	⑤	⑥	⑦	⑧	档次
	4	1	8	5				
9	−4	0	5					商9，减9×45 → 405
		1	3	5				落下一位5
3		−1	3	5				商3，减3×45 → 135
			0					正好除尽

最后得商数为93。

第六单元　除数是两位数的珠心算除法

【例4】 37 752 ÷ 39 = 968

①	②	③	④	⑤	⑥	⑦	⑧	档次
3	7	7	5	2				
9	−3	5	1					……………… 商9，减 9×39 → 351
		2	6	5				落下一位 5
	6	−2	3	4				……… 商6，减 6×39 → 234
			3	1	2			落下一位 2
		8	−3	1	2			…… 商8，减 8×39 → 312
				0				……… 正好除尽

珠心算除法规律

脑中虚算盘上，把被除数拨上，用"九九口诀一口清"，心算求商数，算盘的实拨变成脑中的虚拨，把单积叠位累减改成了群积一次总减，够除隔位商，隔减"九九一口清"乘积，不够挨位商挨减"九九一口清"乘积。

思维游戏

中午放学的时候，还在下雨，大家都盼着晴天，小明对小英说："已经连续三天下雨了，你说再过36小时会出太阳吗？"小朋友你说呢？

第六单元 除数是两位数的珠心算除法

模拟除计算下表题：

题号	被除数	除数	商	题号	被除数	除数	商
1	5 423	29		1	24 766	29	
2	7 973	17		2	9 387	63	
3	27 710	85		3	18 582	57	
4	11 603	41		4	7 667	41	
5	64 668	68		5	70 848	96	
6	37 752	39		6	16 944	24	
7	7 416	24		7	1 482	26	
8	38 908	71		8	1 692	47	
9	25 515	63		9	4 316	86	
10	13 374	18		10	1 615	17	
11	11 439	41		11	9 996	42	
12	3 640	35		12	4 167	45	
13	54 038	82		13	39 192	46	
14	38 184	74		14	1 764	28	

二、直接看(听)珠心算除法

对于多位数珠心算除法其运算方法和步骤跟珠算多位数除法基本相同,具体运算步骤如下:

①置数:在脑中虚算盘上定位和置数,直接从脑中虚算盘第三档置数。

②估商和置商:用"九九一口清"估商,脑中虚算盘置商。估商时,看被除数内包含几个除数。对除不尽的数,估商时要宁小勿大。

③减积:商数与除数相乘,从被除数中减去"九九一口清"乘积,再继续2、3步骤。

1. 够除隔位商,隔减"九九一口清"乘积。

【例1】9 984÷32=312

运算步骤

①在脑中虚算盘上拨入被除数9 984,默记除数32。

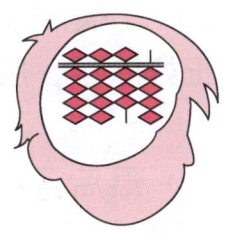

②求首商:用"九九一口清"心算估商3×32,够除隔位置商3,减乘积096,脑像图为

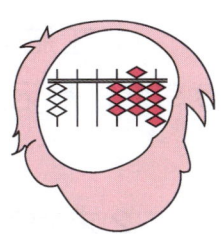

③求二商:心算估商1×32=32,隔位置商1,减乘积032,脑像图为

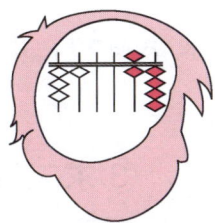

④求三商:心算估商2×32=64,隔位置商2,减乘积064,正好除尽,脑像图为

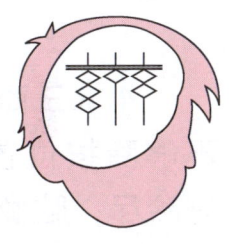

最后得商为312。

第六单元　除数是两位数的珠心算除法

【例2】 8 988÷42=214

运算步骤

①在脑中虚算盘上拨入被除数 8 988，默记除数 42，脑像图为

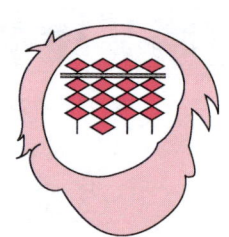

②求首商：用"九九一口清"心算估商 2×42，够除隔位置商 2，减乘积 084，脑像图为

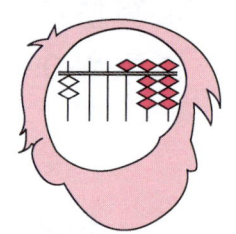

③求二商：心算估商 1×42=42，隔位置商 1，减乘积 042，脑像图为

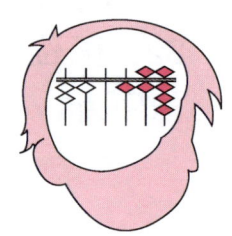

④求三商：心算估商 4×42=168，不够除挨位置商 4，减乘积 168，正好除尽，脑像图为

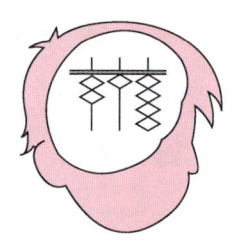

最后得商数为 214。

2. 不够挨位商，挨减"九九一口清"乘积。

【例3】 3 132÷36=87

运算步骤

①在脑中虚算盘上拨入被除数 3 132，默记除数 36，脑像图为

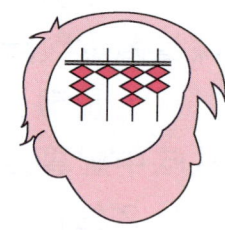

②求首商：用"九九一口清"心算估商 8×36=288，挨位置商 8，减乘积 288，脑像图为

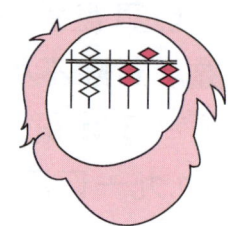

③求二商：心算估商 7×36=252，挨位置商 7，减乘积 252，正好除尽，脑像图为

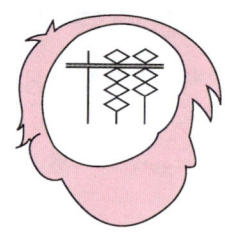

最后得商数为 87。

第六单元 除数是两位数的珠心算除法

【例4】 37 422÷63=594

运算步骤

①在脑中虚算盘上拨入被除数37 422，默记除数63，脑像图为

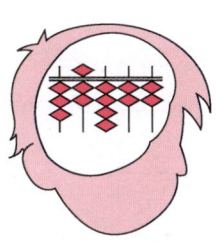

②求首商：用"九九一口清"心算估商，5×63=315，不够除挨位置商5，减乘积315，脑像图为

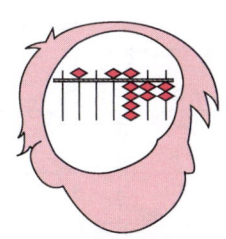

③求二商：心算估商9×63=567，挨位置商9，减乘积5 103，脑像图为

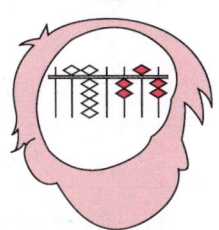

④求三商：心算估商4×63=252，挨位置商4，减乘积252，正好除尽。脑像图为

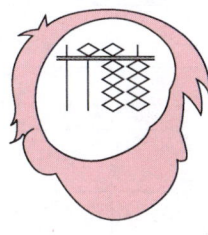

最后商数为594。

❊ **小朋友们要记住**

除法是乘法的逆运算，
乘法是错位加乘积，
除法是错位减乘积。

❊ **照例题将下列题目画出珠图**

5 292÷98=	5 508÷81=
1 558÷82=	1 036÷37=
6 696÷72=	3 477÷57=
1 435÷35=	2 044÷28=
3 243÷69=	1 152÷96=

第六单元 除数是两位数的珠心算除法

珠心算下题：

题号	被除数	除数	商	题号	被除数	除数	商
1	2 726	58		1	14 219	59	
2	6 305	97		2	54 282	83	
3	5 922	63		3	27 234	89	
4	1 708	28		4	23 374	58	
5	3 818	46		5	59 584	14	
6	5 452	58		6	34 635	15	
7	1 596	42		7	45 556	14	
8	4 094	89		8	203 168	56	
9	4 307	73		9	316 197	63	
10	2 059	71		10	500 582	82	
11	1 833	39		11	370 944	64	
12	4 482	83		12	304 395	39	
13	2 592	36		13	313 061	49	
14	4 002	69		14	292 888	62	

第七单元 珠算、笔算、心算结合除法训练

在讲加减法时，曾讲到为和小学数学密切结合，可将珠算加减法用到笔算中去。除心算同加减法一样，也可结合进行运算，通过多练珠算、笔算，来加深"脑像图"。

【例1】 $1472 \div 32 = 46$

珠算

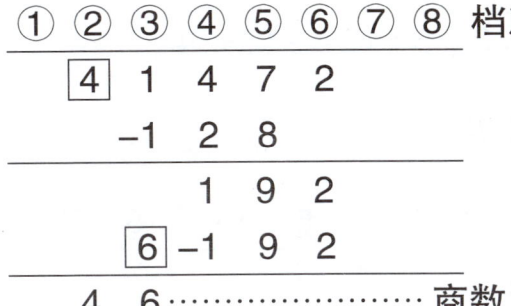

笔算

$$1472 \div 32 = 46$$

$\boxed{4}$ ……… -128

　　　　　　192

$\boxed{6}$ ……… -192

　　　　　　0

心算

$$1472 \div 32 = 46$$

-128 （心想）

192 （记）

-192 （心想）

0

第七单元　珠算、笔算、心算结合除法训练

【例2】7872÷82=96

珠算

①	②	③	④	⑤	⑥	⑦	⑧	档次
9	7	8	7	2				
		−7	3	8				
	6		4	9	2			
			−4	9	2			
				9	6			……商数

心算

$$7872 \div 82 = 96$$
$$-738 \quad (心想)$$
$$492 \quad (记)$$
$$-492 \quad (心想)$$
$$0$$

笔算

```
         7 8 7 2 ÷ 8 2 = 9 6
 9 ……… −7 3 8
           4 9 2
 6 ……… −4 9 2
             0
```

【例3】5112÷213=24

珠算

①	②	③	④	⑤	⑥	⑦	⑧	档次
2	5	1	1	2				
	−4	2	6					
	4		8	5	2			
		−8	5	2				
		2	4					……商数

第七单元 珠算、笔算、心算结合除法训练

笔算

```
    5 1 1 2 ÷ 2 1 3 = 2 4
(2)……… -4 2 6
         ─────
           8 5 2
(4)………… -8 5 2
           ─────
               0
```

心算

```
5 1 1 2 ÷ 2 1 3 = 2 4
 -4 2 6      （心想）
 ─────
   8 5 2     （记）
  -8 5 2     （心想）
  ─────
       0
```

练一练

将下列各题参照例题分别写出珠算、笔算、心算算式。

697÷25=   486÷54=

312÷78=   2 142÷306=

6 305÷97=   2 730÷39=

3 612÷42=   2 516÷68=

1 288÷46=   3 723÷73=

18 135÷465=   21 726÷306=

1 188÷297=   3 886÷58=

第七单元　珠算、笔算、心算结合除法训练

珠心算除法练习题

1	3 220÷70=	1	2 528÷79=	1	648÷54=
2	988÷52=	2	3 400÷40=	2	3 330÷90=
3	4 897÷59=	3	384÷24=	3	4 214÷49=
4	2 812÷38=	4	1 040÷13=	4	2 520÷36=
5	1 500÷60=	5	7 332÷78=	5	1 334÷23=
6	888÷24=	6	1 300÷65=	6	4 888÷52=
7	1 530÷17=	7	4 838÷82=	7	595÷17=
8	4 836÷93=	8	3 050÷50=	8	2 262÷78=
9	860÷86=	9	6 643÷91=	9	4 860÷81=
10	2 788÷41=	10	1 692÷36=	10	2 460÷60=

第七单元 珠算、笔算、心算结合除法训练

珠心算除法练习题

1	2 925 ÷ 75=	1	3 240 ÷ 90=	1	1 512 ÷ 63=
2	1 440 ÷ 24=	2	2 496 ÷ 48=	2	4 437 ÷ 51=
3	6 399 ÷ 79=	3	2 485 ÷ 35=	3	3 420 ÷ 38=
4	744 ÷ 31=	4	6 586 ÷ 74=	4	4 524 ÷ 87=
5	2 226 ÷ 42=	5	1 005 ÷ 67=	5	784 ÷ 49=
6	1 411 ÷ 83=	6	1 863 ÷ 81=	6	1 420 ÷ 20=
7	4 032 ÷ 96=	7	1 440 ÷ 16=	7	2 812 ÷ 74=
8	1 620 ÷ 18=	8	2 444 ÷ 52=	8	360 ÷ 12=
9	3 800 ÷ 50=	9	1 160 ÷ 29=	9	3 450 ÷ 50=
10	5 100 ÷ 60=	10	2 040 ÷ 30=	10	4 320 ÷ 96=

第七单元 珠算、笔算、心算结合除法训练

珠心算除法练习题

1	1 246÷89=	1	4 524÷87=	1	5 187÷91=
2	1 920÷32=	2	1 830÷30=	2	3 612÷42=
3	750÷10=	3	7 144÷76=	3	720÷24=
4	2 418÷26=	4	4 524÷52=	4	6 510÷70=
5	3 526÷41=	5	7 826÷91=	5	3 100÷50=
6	3 478÷94=	6	3 360÷48=	6	1 422÷79=
7	3 717÷63=	7	832÷64=	7	810÷18=
8	3 400÷85=	8	377÷13=	8	7 650÷85=
9	1 470÷70=	9	2 360÷59=	9	864÷36=
10	4 674÷57=	10	700÷20=	10	4 473÷63=

第八单元　乘法的定位

确定乘积数值的方法叫积的定位法。由于算盘上以空档表示"0",乘算后在算盘上乘积末尾是否有"0",有几个"0"很难分辨。小数题中小数点点在什么位置?因此,珠算乘法中,要确定小数点的位置,才能得出乘积。所以必须要掌握乘法的定位方法。

学习积的定位法必须先掌握确定数的位数的方法。

一、数的位数

数的位数共分三类:

(1)正位数:凡有整数的数字(包括整数和整数带小数数字),其整数部分数字的个数,叫做正位数,即:小数点左边有几位数就是正几位,如 2 654 是 +4 位,26.5 是 +2 位。

(2)负位数:凡纯小数,小数点右边到最高位有效数字之间夹 0 的叫负位数,有几个 0,就是负几位,如 0.025 是 -1 位,0.00025 是 -3 位。

(3)零位数:凡纯小数,小数点后第一个数字是非零数字的,叫做零位数,如 0.25、0.205 等。

列表说明如下:

数的位数

数别	…	2 654	265.4	26.54	2.654	0.256	0.025	0.0025	0.0002	…
数位名称	…	千位	百位	十位	个位	十分位	百分位	千分位	万分位	…
位数	…	+4	+3	+2	+1	0	-1	-2	-3	…

第八单元 乘法的定位

填填下列各题的位数：

3 678 （　）

45.39 （　）

1.642 （　）

0.034 （　）

236.75 （　）

3 248 （　）

6.47 （　）

0.864 （　）

0.0068 （　）

40.06 （　）

1 000 （　）

0.0009 （　）

278 （　）

0.00009 （　）

思维游戏

1. 父亲今年40岁，小哲10岁，问几年以后父亲年龄是小哲年龄的2倍？

2. 珠算趣味题训练。

★ 万众一心

① 6 250 000 连加 16 次得 100 000 000

② 6 250 000 见几加几连加 4 次得 100 000 000

★ 老翁钓鱼

① 56 944 470 625 连加 16 次得 911 111 530 000

② 56 944 470 625 见几加几连加 4 次得 911 111 530 000

★ 侦察机

① 382 444.75 连加 16 次得 6 119 116

② 382 444.75 见几加几连加 4 次得 6 119 116

第八单元 乘法的定位

二、积的公式定位法

珠算乘法的定位方法很多，本教材只介绍常用的公式定位法。

公式定位法分比较法和盘上公式定位法两种。

1. 比较法。

该方法是以被乘数和乘数的整数位数为依据，比较积的首位数与被乘数或者乘数首位数的大小来确定乘积的位数。用 m 代表被乘数位数，n 代表乘数位数。

基本公式为：

积的位数 =m+n　　　　　　　　　　①

积的位数 =m+n−1　　　　　　　　　②

上述两个公式的适用范围如下：

（1）当乘积的首位数小于被乘数或者乘数首位数，用公式①定位，即被乘数的位数加乘数的位数。

如：421×36=15 156

乘积的首位数"1"小于被乘数的首位数"4"或者乘数的首位数"3"，用公式①定位，即被乘数的位数加乘数的位数。

3+2=5（位）

（2）当乘积的首位数大于或等于被乘数或者乘数的首位数，用公式②定位。即被乘数的位数加乘数的位数再减1。

如：314×2=628

乘积的首位数"6"大于被乘数的首位数"3"和乘数的首位数"2"，用公式②定位。

3+1−1=3（位）

（3）当乘积的首位数与被乘数或者乘数首位数都相同时，仍按上述方法比较第二位数来确定积的位数。

如：1 465×13=19 045

乘积的首位数"1"与被乘数或者乘数的首位数"1"都相同，而乘积的第二位数字"9"大于被乘数第二位数字"4"和乘数的第二位数字

第八单元 乘法的定位

"3",用公式②定位。

4+2-1=5(位)

(4)当乘积的首位数至末位数与被乘数或者乘数的首位数至末位数都相同时,也选用公式②定位,如:

100×10=1 000

3+2-1=4(位)

可以概括为:位数相加,积大减一。

2. 盘上公式定位法。

将公式定位法的原理,运用到算盘上定位,称为"盘上公式定位法"。在空盘前乘法中,从算盘左边第一档起拨乘积的十位数,个位在其右档。如果首档有数(不空档),则用公式①,积的位数等于被乘数的位数加乘数的位数;如果首档无数(空档),则用公式②,积的位数等于被乘数的位数加乘数的位数减1,

概括为:位数相加,前空减一。

【例1】360×95=34 200

①从算盘左边第一档起拨乘数首位9与被乘数首位36的乘积324,乘积满十。左边第一档不空,如图1所示。

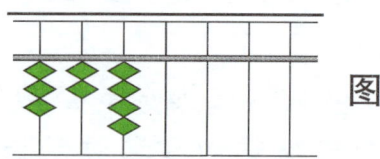

图1

②从算盘左边第二档起拨乘数第二位5与被乘数36的乘积180,乘积满十。左边第一档不空,如图2所示。

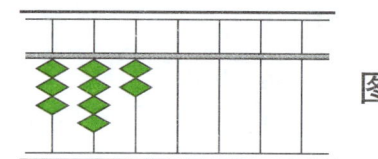

图2

③定位,算盘左边第一档不空,位数相加,3+2=5(位),乘积为34 200。

第八单元 乘法的定位

【例2】 0.38×24=9.12

① 从算盘左边第一档起拨乘数首位数字2与被乘数38的乘积076，乘积不满十，左边第一档为空档，如图3所示。

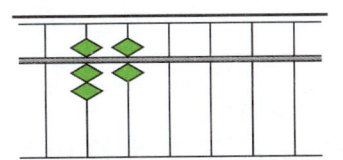

图3

② 从算盘左边第二档起拨乘数第二位4与被乘数38的乘积152，如图4所示。

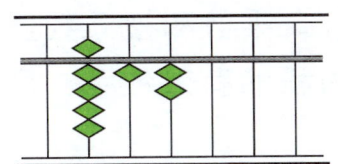

图4

③ 定位：算盘左边第一档为空档，用位相加减1定位，0+2-1=1（位），乘积为9.12。

求出下列各式的积，并指出积的位数：

（1）3.27×2.1=   （2）250.7×12=
（3）6.47×3.9=   （4）0.86×5.67=
（5）1.6×0.034=   （6）0.74×98=
（7）0.0052×89=   （8）40.03×8.61=
（9）23.72×7.92=   （10）0.025×13.5=

根据表格中的要求，填上下列各数的位数或数值。

数值	245		2.45			0.00245	
位数		二位		零位	负一位		四位

第九单元　多位数珠算乘法

一、多位数珠算乘法

1. 运算步骤。

（1）选择乘数。在多位数乘法中，要根据乘法的运算定律选择两因数中位数少、中间有"0"或者相同数字的作为乘数，这样便于记住数，减少拨珠次数和跟踪累乘。

（2）乘的顺序。先用乘数的首位同被乘数的首位直至末位相乘；再用乘数的第二位、第三位……同被乘数各位相乘。如：

763×598=456 274

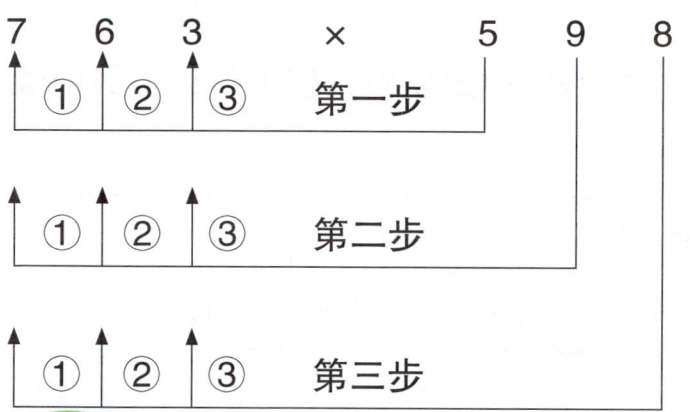

```
         ① ② ③ ④ ⑤ ⑥ ⑦ ⑧  档次
一步：   3  8  1  5 ─┼─┼─┼─ (763×5积)
二步：      6  8  6  7  │   (763×9积)
三步：         6  1  0  4   (763×8积)
```

（3）加积档次。乘数是第几位，它和被乘数最高位相乘时，其积的十位数就拨加在算盘左边第几档上，如果积的十位数是"0"，以空档表示，仍用"上次积的十位数，是本次积的个位数"的规律逐次退位叠加。

（4）乘积。所有乘数和被乘数全部乘完，盘上靠梁的算珠即为积的有效数字，用公式定位法确定小数位数。

2. 运算技巧。

脑记乘数，眼看被乘数，左手食指点住资料，右手食指点住该步运算的起点档，迅速反映乘积。

第九单元 多位数珠算乘法

二、运算实例

1. 首(第一位)积都进位,前位错位加。

【例1】749×368=275 632

① 脑记乘数首位3,眼看被乘数749。从算盘左边第一档拨加乘积2 247,如图1所示。

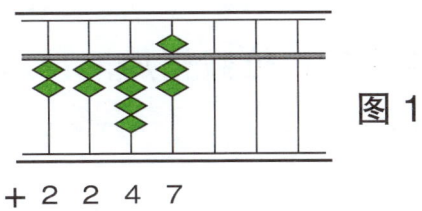

图1

② 从算盘左边第二档加乘数第二位6与被乘数749的乘积4 494,如图2所示。

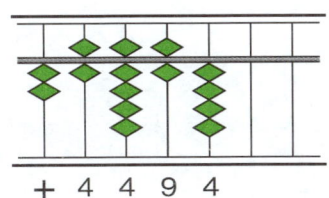

图2

③ 从算盘左边第三档加乘数第三位8与被乘数749的乘积5 992,如图3所示。

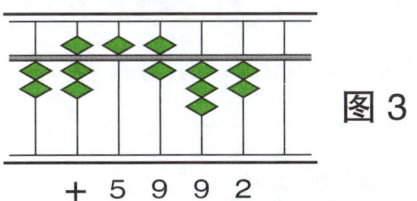

图3

④ 定位:首档不空,位数相加,3+3=6(位),乘积为:275 632。

计算下列各题。

876×495=   654×473=

943×658=   742×863=

267×985=   367×458=

第九单元 多位数珠算乘法

2. 首进后不进，隔位相加。

【例2】32.2×4.13=132.986

对小数题，乘时当整数看，乘完后再定位，加上小数点。

①脑记乘数首位4，眼看被乘数322。从算盘左边第一档拨加乘积1 288，如图4所示。

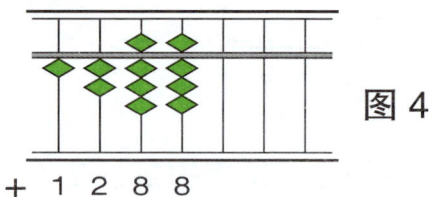

图4

②从算盘左边第二档加乘数第二位1与被乘数322的乘积0 322，如图5所示。

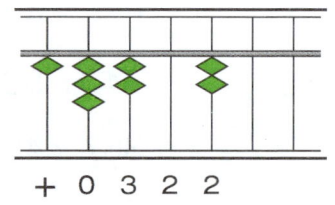

图5

③从盘左边第三档加乘数第三位3与被乘数322的乘积0 966，如图6所示。

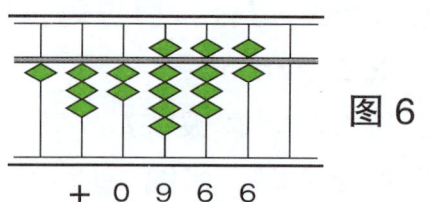

图6

④定位：首档不空，位数相加，2+1=3（位），乘积为：132.986。

计算下列各题。

42.8×3.26=   61.9×8.14=

516×713=   254×921=

367×615=   475×512=

第九单元　多位数珠算乘法

3. 首不进后进，同位相加。

【例3】7 402×125=925 250

① 脑记乘数首位1，眼看被乘数7 402。从算盘左边第一档拨加乘积07 402如图7所示。

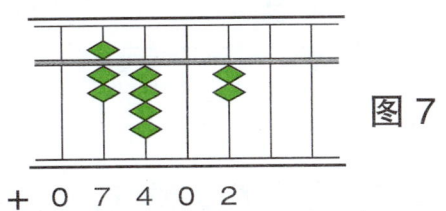

图7

② 从算盘左边第二档加乘数第二位2与被乘数7 402的乘积14 804，如图8所示。

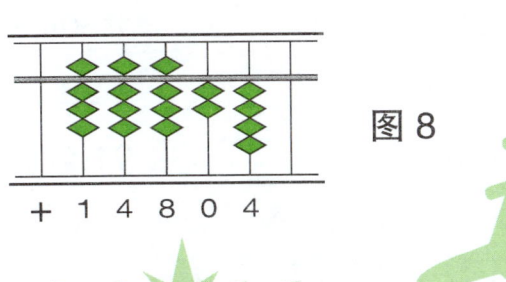

图8

③ 从算盘左边第三档加乘数第三位5与被乘数7 402的乘积37 010，如图9所示。

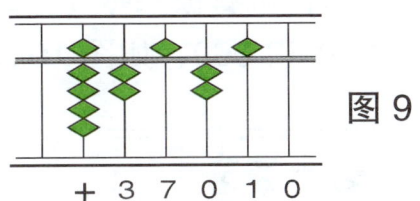

图9

④ 定位：首档空，位数相加减1，4+3−1=6（位），乘积为：925 250。

计算下列各题，并定位。

6 203×198=　　　　3 675×196=

2 318×265=　　　　4 205×293=

3 125×245=　　　　4 163×246=

第九单元 多位数珠算乘法

4. 首积都不进，本位错位相加。

【例4】10.23×312＝3 191.76

①脑记乘数首位3，眼看被乘数1 023。从算盘左边第一档拨加乘积03 069，如图10所示。

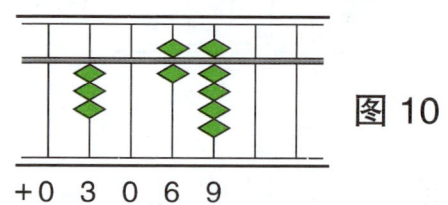

图10

②从盘左边第二档加乘数第二位1与被乘数1 023的乘积01 023，如图11所示。

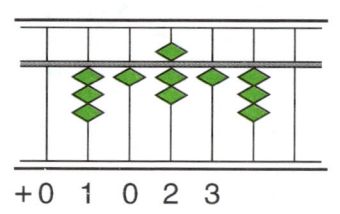

图11

③从算盘左边第三档加乘数第三位2与被乘数1 023的乘积02 046，如图12所示。

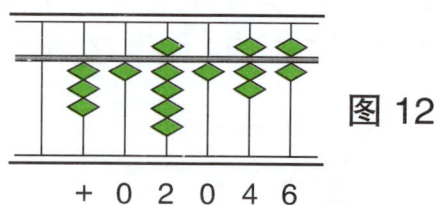

图12

④定位：首档空，位数相加减1，2+3−1＝4（位），乘积为：3 191.76。

计算下列各题，并定位。

2 013×213＝   1 304×315＝

3 104×234＝   4 263×123＝

16.12×3.05＝   21.47×2.24＝

第九单元 多位数珠算乘法

用算盘计算下列各题目：

NO.	A		NO.	B	
1	325×207=	123×273=	1	608×324=	823×678=
2	5.43×23.7=	0.37×391=	2	38.2×9.37=	7.45×3.14=
3	2.37×43.2=	895×234=	3	45.7×6.81=	203×967=
4	218×536=	727×168=	4	624×291=	462×862=
5	972×34.5=	69.3×724=	5	304×529=	965×143=
6	345×706=	983×652=	6	765×268=	385×251=
7	50.2×846=	712×96=	7	341×57=	102×63=
8	341×32=	301×258=	8	604×815=	763×629=
9	812×257=	392×267=	9	438×725=	865×273=
10	627×807=	980×13.8=	10	0.23×8.61=	7.94×53.9=
11	91.5×0.71=	16.2×28.6=	11	94.7×0.38=	902×0.65=
12	82.3×7.92=	12.5×0.25=	12	907×356=	562×436=

珠心算教程

第十单元　多位数珠心算乘法

一、多位数模拟乘珠心算

在熟练掌握珠算乘法和一位数珠心算乘法的基础上，可进行多位数珠心算乘法的模拟训练，这就要求对乘数是一位数的乘法必须达到脱口而出的程度，并且多位数多笔珠心算加法水平高。学习时，可先模拟乘珠心算，待熟练掌握后，再训练直接心算。

总结为：多位数模拟乘珠心算，计算时，眼看算题，从高位乘起，找准档，用"九九一口清"递位相加，部分乘积边算、边数译珠、边写出乘积。

1. 首积都进位，前位错位（档）加。

【例1】$738 \times 694 = 512\,172$

本例为：

738×6 ──一口清──→ 4 4 2 8

738×9 ──一口清──→ 　6 6 4 2

738×4 ──一口清──→ 　　2 9 5 2

错位相加　　　　──→ 5 1 2 1 7 2

模拟盘式图如下：

① ② ③ ④ ⑤ ⑥ ⑦ ⑧　档次

　4 4 2 8 …………（738×6 的一口清）

　　6 6 4 2 …………（738×9 的一口清）

　　　2 9 5 2 ……（738×4 的一口清）

5 1 2 1 7 2　　位积＝本个＋后进

画珠像：

【例2】$823 \times 679 = 558\,817$

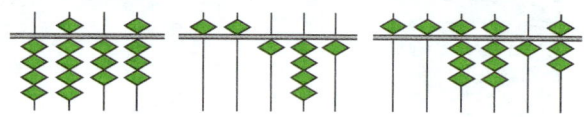

照样子画珠计算下列各题：

$387 \times 569 =$

第十单元 多位数珠心算乘法

923×258=

456×372=

817×935=

2. 首进后不进，隔位相加。

【例3】54.8×61.3=3 359.24

模拟盘式图如下：

①	②	③	④	⑤	⑥	⑦	⑧	档次
3	2	8	8					……（548×6 的一口清）
	0	5	4	8				………（548×1 的一口清）
		1	6	4	4			……（548×3 的一口清）
3	3	5	9	2	4			位积 = 本个 + 后进

定位：首档有数，位相加。2+2=4（位），最后得乘积为：3 359.24。

画珠像：

【例4】354×823=291 342

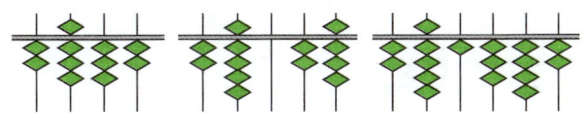

照样子画珠计算下列各题：

756×425=

937×218=

693×327=

第十单元 多位数珠心算乘法

548×716=

3. 首不进后进，同位相加。

【例5】92.34×0.182=16.80588=16.81

（保留两位小数）

模拟盘式图如下：

```
①  ②  ③  ④  ⑤  ⑥  ⑦  ⑧   档次
0   9   2   3   4 …………（9234×1 的一口清）
    7   3   8   7   2 ………（9234×8 的一口清）
        1   8   4   6   8 …（738×4 的一口清）
─────────────────────────────
1   6   8   0   5   8   8    位积 = 本个 + 后进
```

定位：首档有数，位数相加。2+0=2（位），最后得积为：16.80588，保留两位小数。第三位四舍五入，最后得数为 16.81。

画珠像：

【例6】823×167=137 441

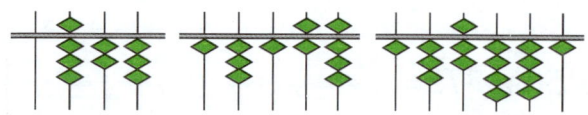

照样子画珠计算下列各题：

387×259=

923×158=

456×272=

317×295=

第十单元　多位数珠心算乘法

4. 首积都不进，本位错位相加。

【例7】3 102×0.214=663.828

模拟盘式图如下：

① ② ③ ④ ⑤ ⑥ ⑦ ⑧　档次

　0　6　2　0　4…………（3 102×2 的一口清）
　　　0　3　1　0　2………（3 102×1 的一口清）
　　　　　1　2　4　0　8……（3 102×4 的一口清）

　0　6　6　3　8　2　8　　位积＝本个＋后进

定位：首档无数，位数相加 −1；4+0−1=3（位），最后得积为：663.828。

画珠像：

【例8】213×126=26 838

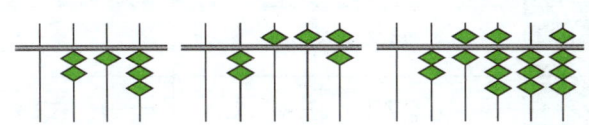

照样子画珠计算下列各题：

321×231=

1 203×415=

902×104= _____

234×135= _____

第十单元 多位数珠心算乘法

模拟计算下列题目：

NO.	A		NO.	B	
1	542×72=	524×24=	1	902×73=	165×43=
2	314×93=	371×52=	2	381×59=	805×51=
3	96×46=	453×96=	3	475×89=	712×76=
4	809×25=	529×58=	4	764×64=	375×58=
5	324×73=	391×42=	5	381×59=	918×72=
6	926×56=	468×17=	6	674×82=	212×36=
7	502×35=	507×26=	7	367×54=	567×48=
8	941×27=	629×38=	8	276×63=	375×96=
9	317×23=	278×39=	9	576×37=	532×63=
10	523×24=	278×39=	10	472×61=	478×21=
11	439×27=	614×53=	11	217×56=	347×28=
12	478×37=	279×38=	12	277×45=	635×45=

第十单元 多位数珠心算乘法

二、多位数乘法直接看（或听）珠心算

多位数乘法直接看心算，难度略大，因为大脑需要瞬时记忆，需要边累加边储存，因此，学习时在掌握了珠算乘法和模拟乘的基础上，逐步引入看珠心算乘法，可先从2位乘1位、3位乘一位、两位乘两位开始学习和训练，由浅入深，每增加一位可由算盘导入。

【例1】92.43×67.8＝6 266.75（保留两位小数）

运算步骤

① 眼看算题9 243×6，想9 243×6的"九九一口清"乘积，脑中直接从首档起呈现珠像图55 458。

② 眼看算题9 243×7，想9 243×7的"九九一口清"乘积是64 701边乘边想脑中第一步结果的盘式图，第二档上错位相加，显示新的珠像图629 281，计算完毕，把脑中珠像图写成数。

③ 眼看算题，9 243×8，想9 243×8的"九九一口清"乘积是73 944，边乘边想脑中第二步结果的盘式图，在第三档上错位相加，显示新的珠像图6 266 754。

第十单元 多位数珠心算乘法

④定位：首档有数，位数相加；2+2=4（位），因保留两位小数，第三位4舍，乘积为7 266.75。

【例2】324×345=111 780

运算步骤

①眼看算题，324×3，想324×3的"九九一口清"乘积0 972，脑中直接从首档起呈现珠像图0 972。

②眼看算题，324×4，4乘324得1 296在脑中第一步结果的盘式图，第二档上错位相加，显示新的珠像图11 016。

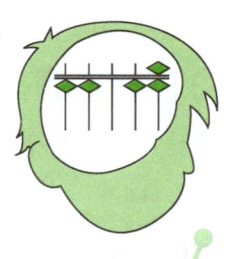

③眼看算题，324×5，想324×5的"九九一口清"乘积1 620，边乘边想脑中第二步结果的盘式图，第三档上错位相加，显示新的珠像图111 780，计算完毕，把脑中珠像图写成得数。

④定位：首档有数，位数相加，3+3=6（位），乘积为111 780。

思维游戏

将表中的数字任意去掉四个，使其不论直、斜、横的和都可以成为15。

4	6	5	5
6	4	5	4
5	5	5	5
6	4	5	6

第十单元 多位数珠心算乘法

直接心算下表：

被乘数 \ 乘数 积	637	845	365	243	179	584	726	915
738								
651								
427								
865								
942								
904								
286								
3 217								
7 023								
4 138								
3 257								
5 482								
9 016								
7 892								

珠心算教程

第十单元　多位数珠心算乘法

珠心算乘法练习题

（小数题要求保留两位，第三位四舍五入）

1	859×64=	1	183×206=	1	407×18=
2	0.0132×45=	2	83×407=	2	96×532=
3	648×203=	3	705×843=	3	12×0.0895=
4	31×702=	4	65×129=	4	709×862=
5	782×39=	5	416×78=	5	0.0314×97=
6	97×0.0142=	6	0.0249×31=	6	81×649=
7	25×836=	7	321×96=	7	396×71=
8	174×96=	8	29×0.0571=	8	652×301=
9	506×198=	9	578×63=	9	58×234=
10	43×517=	10	94×582=	10	285×47=

珠心算乘法练习题

（小数题要求保留两位，第三位四舍五入）

1	74×612=	1	25×637=	1	0.0623×79=
2	0.0659×78=	2	478×501=	2	947×18=
3	438×506=	3	89×104=	3	36×205=
4	89×305=	4	579×28=	4	157×48=
5	926×14=	5	0.0321×48=	5	518×602=
6	21×0.0795=	6	96×0.0527=	6	29×561=
7	58×241=	7	348×79=	7	423×87=
8	375×98=	8	61×932=	8	61×943=
9	102×436=	9	156×34=	9	74×0.0936=
10	637×89=	10	704×861=	10	805×372=

第十单元　多位数珠心算乘法

珠心算乘法练习题

（小数题要求保留两位，第三位四舍五入）

#		#		#	
1	174×609=	1	713×49=	1	687×204=
2	253×86=	2	28×605=	2	12×708=
3	97×401=	3	847×102=	3	901×453=
4	508×231=	4	587×94=	4	534×96=
5	63×0.0748=	5	41×0.0576=	5	73×512=
6	84×397=	6	309×814=	6	369×84=
7	351×96=	7	643×78=	7	0.0487×69=
8	72×548=	8	12×538=	8	85×372=
9	0.0916×72=	9	0.0659×32=	9	25×0.0186=
10	462×15=	10	96×217=	10	496×17=

商的公式定位法

确定商的小数点位置的方法，就是商的定位法。

本教材主要介绍公式定位法。与乘法相对应，公式定位法也分比较法和盘上公式定位法。

其中 m 代表被除数的整数位数，n 代表除数的整数位数。

1. 比较法。

基本公式为：

商的位数 = m−n　　　　　　　　　①

商的位数 = m−n+1　　　　　　　②

（1）当被除数的首位数字小于除数的首位数字时，用被除数的位数减去除数的位数定位。

【例1】2 146÷37=58

被除数的首位数字"2"小于除数的首位数字"3"，用公式①定位。

m=4 位，n=2 位，4−2=2（位），商为 58。

（2）当被除数的首位数字大于除数的首位数字时，用公式②定位。既被除数的位数减去除数的位数再加 1。

【例2】93.6÷312=0.3

被除数的首位数字"9"大于除数的首位数字"3"，用公式②定位。

m=2 位，n=3 位，2−3+1=0（位），商为 0.3。

（3）当被除数的首位数字与除数的首位数字相等时，则比较它们的第二位、第三位……根据比较结果的大小，再按上述方法选用定位公式。

【例3】497.08÷43=11.56

被除数的首位数字 4 和除数的首位数字 4 相等，比较它们的第二位，被除数的第二位数字"9"大于除数的第二位数字"3"，用公式②定位。

m=3 位，n=2 位，3−2+1=2（位），乘积为 11.56。

第十一单元 除法的定位

（4）当被除数和除数的首位数字直至末位数都相等，用公式②定位。

【例4】1 000÷10=100

m=4位，n=2位，4-2+1=3（位），商为100。

概括为：位数相减，首大加1。

2. 盘上公式定位法。

置数档次：商除法从算盘左边第三档起拨入被除数，运算后，根据算盘第一档（首位档）是否空档来确定商的位数。

首位空档（无数），商的位数 =m-n　　　③

首位不空档（有数），商的位数 =m-n+1　④

概括为：位数相减，不空加一。

【例5】20 178÷354=57

① 从算盘左边第三档起拨入被除数20 178，默记除数354，如图1所示。

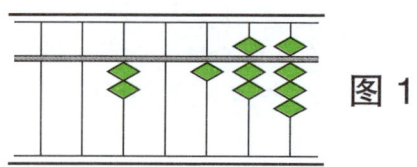

图1

② 运算结果，盘面数显示如图2所示。

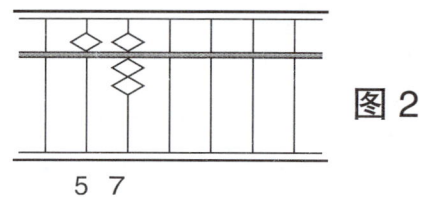

图2

③ 定位：首档空，用公式被除数位数减除数位数定位，5-3=2（位），商为57。

第十一单元 除法的定位

【例6】6 156÷19=324

① 从算盘左边第三档起拨入被除数6 156，默记除数19，如图3所示。

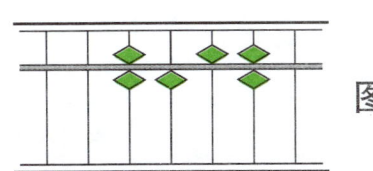

图3

② 运算结果，盘面数显示如图4所示。

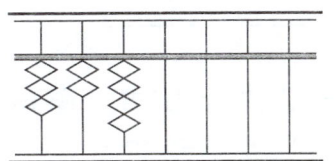

图4

③ 定位：首档不空，用公式：m−n+1定位，4−(−2)+1=3（位），商为324。

练一练

用公式定位法确定下列各题的商：

（1）72.4334÷34 → 213

（2）6 293÷93 → 670

（3）225.72÷3 → 524

（4）88 160÷38 → 232

（5）0.1224÷0.003 → 408

（6）1 692÷47 → 36

（7）55.35÷1 230 → 45

（8）2 276.334÷5 807 → 392

（9）7 031÷79 → 890

（10）1 997.36÷70.62 → 28

第十二单元　多位数珠算除法

一、基本概念

　　除数商合计是六位的商除法的运算步骤与前面讲的除数和商合计是四位数的基本相同，这里不再重复，由于除数位数多了，增加了估商的难度，增多了乘减的档次，对运算方法步骤都要熟练地掌握，才能运算自如。

　　但对于除不尽的题目和小数题目，运算完后要注意定位；试商时，若估商偏小，被除数在减积后，余数仍大于或等于除数，就需要补商。

　　（1）补商的方法是：商数加1，隔位减一次除数。

　　（2）退商：如估商偏大，在乘减的过程中不够减，就需要中途退商。退商的方法是：商数减1，隔位加已乘减过的前几位除数，再按调整后的商与未乘减过的除数继续进行乘减。

二、商除法实例

1. 够除隔位商，隔位减乘积。

（定位采用盘上公式定位法）

【例1】38 640÷368=105

①置数：从算盘左边第三档起拨入被除数38 640，默记除数368，如图1所示。

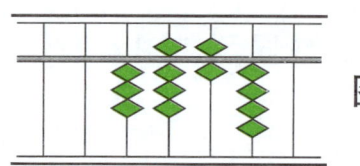

图1

②求第一位商：386大于368，够除应隔位置商1，从商的右档隔位减去乘积368，余数为184，如图2所示。

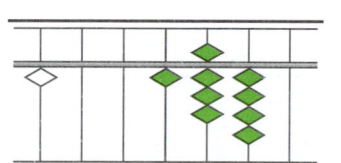

图2

③求第二位商：184小于368，不够除，挨位置商5，从商的右档挨位减去乘积"五三15"、"五六30"、"五八40"，正好除尽，盘上得数为105，如图3所示。

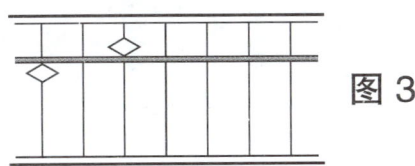
图3

④定位：首档不空加1，m−n+1，5−3+1=3（位），商为105。

【例2】690.12÷21.3=32.4

①置数：从算盘左边第三档起拨入被除数69 012，默记除数213，如图4所示。

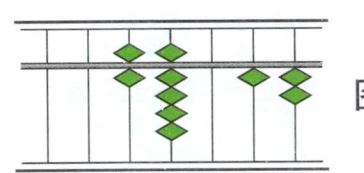
图4

②求第一位商：6大于2，够除应隔位置商3，从商的右一档隔位减去乘积"三二06""三一03""三三09"，余数为5 112，如图5所示。

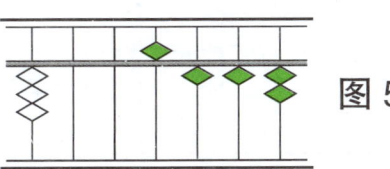
图5

③求第二位商：5大于2，够除隔位置商2，从商的右一档隔位减去乘积"二二04""二一02""二三06"余数为852，如图6所示。

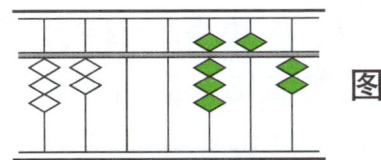
图6

第十二单元 多位数珠算除法

④求第三位商：85大于21，够除隔位置商4，从商的右档减去乘积"四二08""四一04""四三12"，正好除尽，如图7所示。

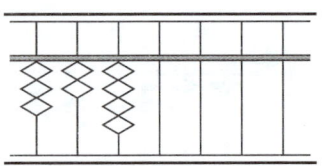

图7

⑤定位：首档不空加1，被除数位数减除数位数加1，3-2+1=2（位），商为32.4。

2. 不够除挨位商，挨位减乘积。

【例3】158 508÷518=306

①置数：从算盘左边第三档起拨入被除数158 508，默记除数518，如图8所示。

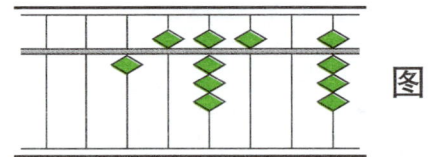

图8

②求第一位商：158小于518，不够除，应挨位置商3，从商的右档挨位减去乘积"三五15""三一03""三八24"，余数为3 108，如图9所示。

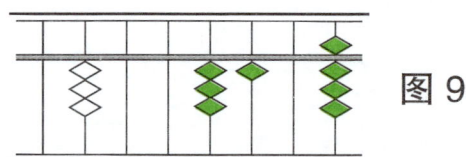

图9

③求第二位商：310小于518，不够除，挨位置商6，从商的右档挨位减去乘积"六五30""六一06""六八48"，正好除尽，盘上得数为306，如图10所示。

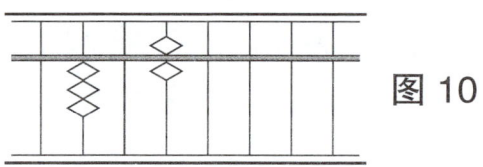

图10

④定位：首档空位相减，m-n=6-3=3（位），商为306。

第十二单元　多位数珠算除法

【例4】15.4808÷4.28=3.62
（除不尽，保留两位小数）

① 置数：从算盘左边第三档起拨入被除数15.4808，默记除数428，如图11所示。

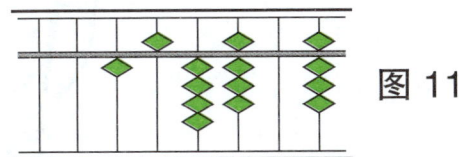
图 11

② 求第一位商：154 小于 428，不够除，挨位置商 3，从商的右一档挨位减去乘积"三四12""三二06""三八24"，余数为 26 408，如图 12 所示。

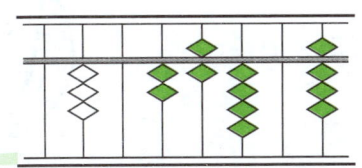
图 12

③ 求第二位商：264 小于 428，不够除，挨位置商 6，从商的右一档挨位减去乘积"六四24""六二12""六八48"，余数为 728，如图 13 所示。

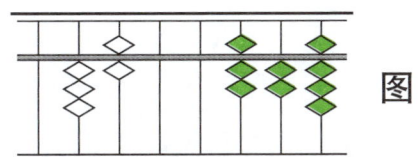
图 13

④ 求第三位商：728 大于 428，够除，隔位置商 1，从商的右一档隔位减去乘积 428，余数为 300，如图 14 所示。

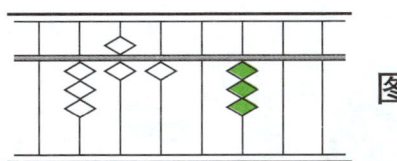
图 14

⑤ 该题为小数题，从所得余数看除不尽，可在脑中先定位，再除，首档空直接减，2−1=1（位），该题应为一位整数，两位小数。

第十二单元 多位数珠算除法

⑥估商：300 大于 428 的一半，试商为 5 以上，不必试商乘减，5 入即可，最后得商为：3.62。

练一练

1 537 ÷ 29 =
3 120 ÷ 78 =
1 328 ÷ 83 =
690 ÷ 10 =
1 950 ÷ 25 =

5 820 ÷ 60 =
3 854 ÷ 47 =
1 920 ÷ 96 =
1 674 ÷ 54 =
1 395 ÷ 31 =

小知识

小朋友，你知道除法共有多少种方法吗？
代表性的有：
归除法（九归除法）
商除法：商除法分隔位商除法
　　　　改商除法（挨位商除法）
凑倍除法、省略除法、补数除法等
方法还有很多呢？你学的是什么方法？

算算看：

3 843 ÷ 4.2 =
6 696 ÷ 7.2 =
128.8 ÷ 46 =

20.44 ÷ 28 =
79.54 ÷ 97 =
5 508 ÷ 8.1 =

第十二单元 多位数珠算除法

珠心算除法练习题

（小数题要求保留两位，第三位四舍五入）

#		#		#	
1	3 105÷45=	1	67 800÷75=	1	6 308÷83=
2	27 145÷305=	2	1 200÷16=	2	28 836÷36=
3	0.1341÷0.73=	3	18 252÷507=	3	1 410÷15=
4	9 152÷13=	4	2 352÷98=	4	2.2974÷4.01=
5	516÷12=	5	2.53302÷1.09=	5	2 356÷38=
6	52 374÷87=	6	1 113÷21=	6	13 208÷508=
7	49 032÷980=	7	3 672÷34=	7	22 866÷74=
8	2 646÷27=	8	4 371÷93=	8	2.0895÷6.79=
9	22 052÷596=	9	54 498÷62=	9	12 366÷27=
10	13 732÷0.64=	10	1.3096÷8.63=	10	1380÷92=

珠心算教程

第十二单元　多位数珠算除法

珠心算除法练习题

（小数题要求保留两位，第三位四舍五入）

#		#		#	
1	0.4209÷0.97=	1	23 834÷34=	1	21 624÷408=
2	30 753÷51=	2	594 738÷703=	2	1.5229÷0.74=
3	400÷25=	3	27 170÷286=	3	798÷19=
4	21 708÷804=	4	211 926÷418=	4	5.0477÷0.63=
5	884÷13=	5	0.5457÷1.59=	5	4 558÷86=
6	3.2433÷0.36=	6	17 600÷64=	6	46 736÷508=
7	45 150÷602=	7	103 974÷806=	7	7 050÷94=
8	2 793÷49=	8	1.5161÷0.17=	8	9 048÷52=
9	12 360÷15=	9	63 376÷932=	9	25 599÷371=
10	28 392÷728=	10	234 741÷507=	10	988÷26=

第十二单元　多位数珠算除法

珠心算除法练习题

（小数题要求保留两位，第三位四舍五入）

#	算式	#	算式	#	算式
1	3 488÷32=	1	607 724÷806=	1	24 992÷781=
2	210 826÷407=	2	3.3736÷4.32=	2	80 127÷307=
3	50 240÷785=	3	346 122÷574=	3	48 384÷96=
4	5.9305÷0.61=	4	9 614÷506=	4	133 008÷326=
5	65 790÷215=	5	23 288÷71=	5	1.1528÷0.14=
6	41 535÷923=	6	553 584÷607=	6	49 152÷512=
7	238 788÷804=	7	3 198÷13=	7	197 808÷208=
8	4.5731÷5.34=	8	3.1394÷3.54=	8	6.2992÷0.83=
9	89 534÷178=	9	88 695÷219=	9	9 198÷657=
10	53 889÷69=	10	55 566÷98=	10	260 533÷409=

第十二单元　多位数珠算除法

珠心算除法练习题

（小数题要求保留两位，第三位四舍五入）

#		#		#	
1	28 584÷794=	1	4 028÷53=	1	4.5891÷5.03=
2	787 416÷903=	2	7 956÷204=	2	4 692÷92=
3	3 120÷15=	3	22 990÷38=	3	41 418÷59=
4	111 478÷278=	4	0.1277÷0.89=	4	4 662÷74=
5	25 296÷48=	5	3 344÷16=	5	8 208÷27=
6	4.9084÷5.27=	6	5 146÷62=	6	5 372÷68=
7	16 464÷84=	7	42 535÷905=	7	0.8996÷1.05=
8	19.8335÷3.01=	8	0.38905÷0.41=	8	2 025÷81=
9	14 027÷169=	9	38 164÷47=	9	15 414÷367=
10	440 000÷625=	10	40 386÷762=	10	8 127÷43=

第十三单元 多位数珠心算除法

对于除数商合计是六位的珠心算除法其运算方法和步骤跟除数商合计是四位数珠心算除法基本相同，其不同在于进商后，减积时"九九一口清"脱口而出，其运算步骤为：

（1）置数：从虚算盘第三档置被除数，默记或眼看除数。

（2）定位：用盘上公式定位法进行定位（对小数题，可以先定位）。

（3）试商：要领是"够除隔商不够挨，隔挨减积一口清"。

（4）乘减：从被除数中减去商与除数的一口清乘积，将所剩余数当作新的被除数，继续用上述方法求出次商和末商，直至除尽或达到了算题小数规定的标准。

一、模拟算盘法

1. 够除隔位商，隔减一口清乘积。

【例1】778.04÷73.4=10.6

```
 ①  ②  ③  ④  ⑤  ⑥  ⑦  ⑧   档次
         7   7   8   0   4
 ①    -7   3   4  ………    商1，减1×734 → 734
    ⓪        4   4   0   4       商0，落下一位4
       ⑥    4   4   0   4 …  商6，减6×734 → 4 404
                         0
```

定位：首档不空，位相减加1，3-2+1=2，商为10.6。

第十三单元　多位数珠心算除法

【例2】93 618÷743=126

```
①　②　③　④　⑤　⑥　⑦　⑧　档次
    9　3　6　1　8
[1] -7　4　3 …………… 商1，减1×743 → 743
    1　9　3　1            落下一位1
[2]-1　4　8　6 ……… 商2，减2×743 → 1 486
       4　4　5　8         落下一位8
   [6]-4　4　5　8     商6，减6×743 → 4 458
           0 … 正好除尽
```

定位：首档不空，位相减加1，5-3+1=3，商为126。

2. 不够挨位商，挨减一口清乘积。

【例3】173 355÷635=273

```
①　②　③　④　⑤　⑥　⑦　⑧　档次
    1　7　3　3　5　5
[2]-1　2　7　0            商2，减2×635 → 1 270
       4　6　3　5
    [7]-4　4　4　5        商7，减7×635 → 4 445
           1　9　0　5
       [3]-1　9　0　5     商3，减3×635 → 1 905
               0
```

定位：首档空，位相减，6-3=3（位），商为273。

第十三单元 多位数珠心算除法

【例4】2 951.24÷829=3.56

```
 ① ② ③ ④ ⑤ ⑥ ⑦ ⑧  档次
    2 9 5 1 2 4
 ③ -2 4 8 7              商3，减 3×829 → 2 487
    ─────────
      4 6 4 2             落下一位 2
 ⑤ -4 1 4 5              商5，减 5×829 → 4 145
    ─────────
        4 9 7 4           落下一位 4
 ⑥ -4 9 7 4              商6，减 6×829 → 4 974
    ─────────
              0           正好除尽
```

定位：首档空，位相减，4-3=1，商为 3.56。

（1）用模拟算盘法计算下列各题：

17.425÷697=　　　　48.760÷53=

43 650÷485=　　　　16 472÷568=

36 938÷803=　　　　513 506÷853=

119 350÷682=　　　　354 750÷946=

194 832÷528=　　　　87 890÷374=

（2）小朋友算算看，请用同样的数字减10次，你能发现什么？

①从 80 开始，连续减 10 次 8。

②从 240 开始，连续减 10 次 24。

③从 480 开始，连续减 10 次 48。

（3）减百字。

5 050-1-1……-99=0

看哪个小朋友打得最快？

第十三单元　多位数珠心算除法

二、直接看（或听）珠心算

1. 够除隔位商，隔减"一口清"乘积。

【例1】84 224÷329=256

心算过程为：

定位：被除首大，位相减加1，5-3+1=3（位）。

① 将被除数 84 224 记入脑中，脑中呈现 84 224 的图像。

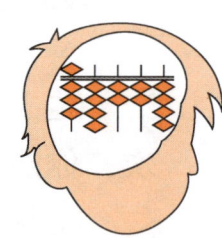

② 842÷329 估商 2，写首商 2，从 842 中减去 2×329 的"一口清"乘积 658，脑中呈现余数 18 424 的图像。

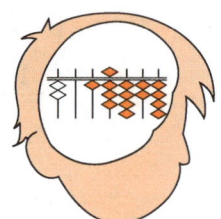

③ 1 842÷329 估商 5，写二商 5，从 1 248 中减去 5×329 的"一口清"乘积 1 645，脑中呈现 1 974 的图像。

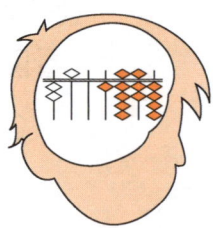

④ 1 974÷329 估商 6，写三商 6，从 1 974 中减去 6×329 的"一口清"乘积 1 974，除尽，脑中商的图像为 256。

【例2】62.156÷3.79=16.4

心算过程为：

定位：被除首大，位相减加1，2-1+1=2（位）。

① 将被除数 62 156 记入脑中，脑中呈现 62 156 的图像。

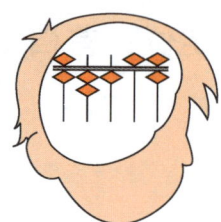

② 621÷379 估商 1，写首商 1，从 621 中减去 1×379 的"一口清"乘积 379，脑中呈现余数 24 256 的图像。

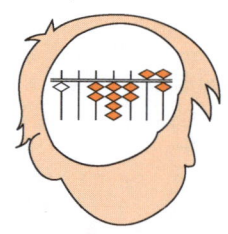

第十三单元　多位数珠心算除法

③ 用 2 425÷379 估商 6，写二商 6，从 2 425 中减去 6×379 的"一口清"乘积 2 274，脑中呈现余数 1 516 的图像。

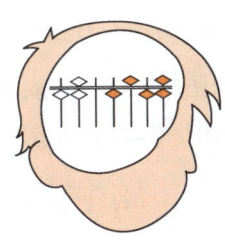

④ 1 516÷379 估商 4，写三商 4，从 1 516 中减去 4×379 的"一口清"乘积 1 516，正好除尽，商为 164。

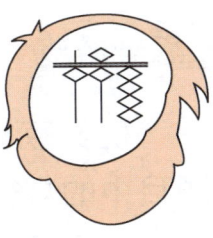

2. 不够除挨位商，挨减"一口清"乘积。

【例 3】790 731÷853=927

心算过程为：

定位：被除首小，位相减，6−3=3（位）。

① 将被除数记入脑中，脑中呈现 790 731 的图像。

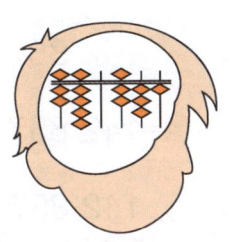

② 7 小于 8，挨位置商，先用被除数前四位 7 907÷853 估商 9，写首商 9，从 7 907 中减 9×853 的"一口清"乘积 7 677，脑中呈现总余数 23 031 的图像。

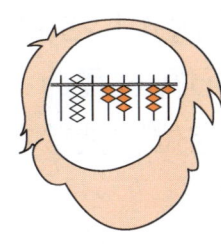

③ 用 2 303÷853 估商 2，写第二位商 2，从 2 303 中减 2×853 的"一口清"乘积 1 706，脑中呈现总余数为 5 971 的图像。

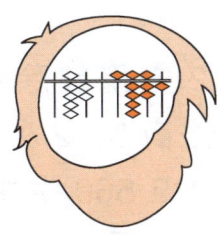

④ 用 5 971÷853 估商 7，写第三位商 7，从 5 971 中减 7×853 的"一口清"乘积 5 971，正好除尽，商为 927。

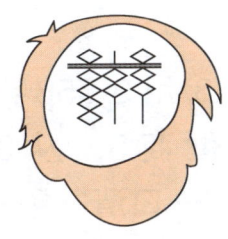

第十三单元　多位数珠心算除法

【例4】256 082÷437=586

心算过程为：

定位：被除首小，位相减，6-3=3（位）。

① 将被除数记入脑中，脑中呈现 256 082 的图像。

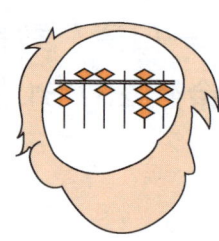

② 先用被除数前四位 2 560÷437 估商 5，2 小于 4，挨位写首商 5，从 2 560 中减去 5×437 的"一口清"乘积 2 185，脑中呈现余数 37 582 的图像。

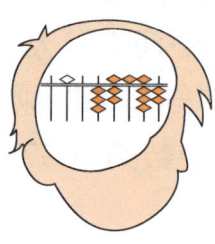

③ 用 3 758÷437 估商 8，写第二位商 8，从 3 758 中减 8×437 的"一口清"乘积 3 496，脑中呈现余数 2 622 的图像。

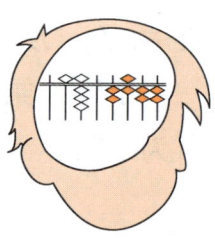

④ 用 2 622÷437 估商 6，写第三位商 6，从 2 622 中减去 6×437 的"一口清"乘积 2 622，正好除尽，脑中商的图像为 586。

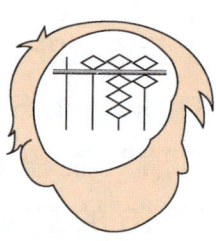

思维游戏

机灵豆豆又来给大家出题了！您能发现下面题目中的规律吗？

142 857×1=142 857

142 857×2=285 714

142 857×3=428 571

如果说对了，奖励你一颗智慧星。再来试试这组题：

142 857×4=⬜

142 857×5=⬜

142 857×6=⬜

第十三单元 多位数珠心算除法

珠心算除法练习题

（小数题要求保留两位，第三位四舍五入）

1	0.3428÷0.87=	1	4 028÷53=	1	3 690÷45=
2	48 924÷54=	2	7 956÷204=	2	19 152÷504=
3	832÷16=	3	22 990÷38=	3	0.7313÷0.12=
4	25 340÷905=	4	0.1277÷0.89=	4	988÷76=
5	0.6724÷0.63=	5	3 344÷16=	5	29 792÷608=
6	8 944÷208=	6	5 146÷62=	6	1 330÷14=
7	2 940÷35=	7	42 535÷905=	7	11 661÷23=
8	30 459÷429=	8	0.38905÷0.41=	8	21 006÷389=
9	41 944÷49=	9	38 164÷47=	9	18 774÷0.87=
10	4 402÷71=	10	40 386÷762=	10	7 068÷93=

第十三单元 多位数珠心算除法

珠心算除法练习题

（小数题要求保留两位，第三位四舍五入）

#		#		#	
1	1 092÷84=	1	408÷24=	1	24 928÷82=
2	15 276÷76=	2	7 362÷18=	2	2 914÷47=
3	6 900÷92=	3	26 065÷401=	3	4.7576÷6.04=
4	49 098÷501=	4	6 174÷63=	4	4 897÷59=
5	0.1075÷0.41=	5	63 358÷79=	5	46 137÷91=
6	9 541÷203=	6	32 580÷905=	6	0.1357÷0.75=
7	2 345÷35=	7	0.5468÷0.94=	7	8 568÷306=
8	15 314÷19=	8	61 415÷865=	8	832÷13=
9	40 303÷687=	9	512÷32=	9	26 117÷287=
10	33 516÷98=	10	1.3333÷0.57=	10	12 615÷29=

第十三单元　多位数珠心算除法

珠心算除法练习题

（小数题要求保留两位，第三位四舍五入）

#		#		#	
1	2 940 ÷ 35=	1	12 060 ÷ 804=	1	33 374 ÷ 37=
2	7 412 ÷ 68=	2	888 ÷ 37=	2	6 150 ÷ 75=
3	46 113 ÷ 809=	3	3.1331 ÷ 5.08=	3	12 135 ÷ 809=
4	2.2937 ÷ 0.57=	4	14 889 ÷ 21=	4	3 264 ÷ 96=
5	5 917 ÷ 97=	5	1 568 ÷ 16=	5	0.9355 ÷ 2.03=
6	3 744 ÷ 104=	6	27 404 ÷ 68=	6	1 113 ÷ 53=
7	1 075 ÷ 43=	7	0.7837 ÷ 0.92=	7	45 657 ÷ 57=
8	2.2096 ÷ 2.61=	8	20 605 ÷ 65=	8	1 242 ÷ 18=
9	7 056 ÷ 72=	9	18 984 ÷ 791=	9	45 552 ÷ 624=
10	45 079 ÷ 61=	10	2 408 ÷ 43=	10	2.4468 ÷ 0.41=

珠心算教程

第十四单元 珠心算"一口清"乘法(选学)

所谓"一口清",就是用一位数乘多位数时,利用该数本身所特有的个位规律和进位规律,使其乘积可一眼看出,结果可"脱口而出"。因此,要掌握"一口清",必须先弄清楚个位规律和进位规律。

个位规律和进位规律归纳如表1、表2所示。

表1 个位规律

乘数 \ 被乘数本个数	0 1 2 3 4 5 6 7 8 9	个位规律
2	0 2 4 6 8 0 2 4 6 8	自倍取个
3	0 3 6 9 2 5 8 1 4 7	双补倍,单补倍加5
4	0 4 8 2 6 0 4 8 2 6	单凑双补
5	0 5 0 5 0 5 0 5 0 5	单5双0
6	0 6 2 8 4 0 6 2 8 4	双自身,单加5
7	0 7 4 1 8 5 2 9 6 3	双自倍,单自倍加5
8	0 8 6 4 2 0 8 6 4 2	全补倍
9	0 9 8 7 6 5 4 3 2 1	自身补数

第十四单元 珠心算"一口清"乘法（选学）

表2 进位规律

乘数	进位规律
2	满5进1
3	超3̇进1　超6̇进2
4	满25进1　满5进2　满75进3
5	满2进1　满4进2　满6进3　满8进4
6	超16̇进1　超3̇进2　满5进3 满5进3　超6̇进4　满83进5
7	超1̇42 857̇进1　超2̇85 714̇进2 超4̇28 571̇进3　超5̇71 428̇进4 超7̇14 285̇进5　超8̇57 142̇进6
8	满125进1　满25进2　满375进3 满5进4　满625进5　满75进6 满875进7
9	超循环几进几

> 运算规律：乘前先补0，乘时位对齐。
> 　　　　　本个加后进，舍十只取个。

"乘前先补0"是指在被乘数首位之前先补0，目的是便于找准被乘数首位的进位数应放的位置。"补0"表示首位数进位所占的位置；"乘时位对齐"是指本身的个位（本个）同后边进位数（后进）相加时要位对齐，便于合计；"本个加后进"指每个被乘数的本个与后位的进位数相加；"舍十只取个"指本个与后位的进位数相加时，和如果等于或大于10时，只写他的个位数，十位上的数直接舍掉。

"一口清"在学习时，要注意由浅入深，学习时可先按乘数是2、5、4、3、9、6、8、7顺序，练习时先练个位律，再练进位律，最后练习运算本个加后进。达到熟能生巧"一口清"的目的。

第十四单元 珠心算"一口清"乘法（选学）

一、乘数为2

被乘数和本个数的对应关系如下：

1 2 3 4 5 6 7 8 9……被乘数
2 4 6 8 0 2 4 6 8……本个数

> 个位规律：自倍取个
> 进位规律：满5进1

【例1】67×2=134

运算：

　　0 6 7 × 2 ………乘式（乘前先补0）
　　0 2 4 ……………本个（6的本个2，7的本个4）
　　1 1 ………………后进（6、7满5都进1）
　　―――――――
　　1 3 4 ……………乘积（本个加后进）

【例2】326×2=652

　　　0 3 2 6
　×　　　　　2
　―――――――
　　　0 6 5 2

　　└─0的后位3，无进位数，写0
　　└─3的本个6，后位2无进位，写6
　　└─2的本个4，后位6进1，4+1写5
　　└─6的本个2，无后位，直写2。

【例3】458×2

运算：0 863×2
　　　=1 726

第十四单元 珠心算"一口清"乘法（选学）

练习题

1. 说出下列各题的本个数和后进数，再用竖式进行计算。

（1）26×2=　　　　　（2）78×2=

（3）89×2=　　　　　（4）73×2=

（5）13×2=　　　　　（6）52×2=

（7）315×2=　　　　（8）679×2=

（9）549×2=　　　　（10）765×2=

（11）203×2　　　　（12）876×2=

2. 横式计算下列各题。

（1）386×2=　　　　（2）579×2=

（3）2 034×2=　　　（4）873×2=

（5）391×2=　　　　（6）276×2=

第十四单元 珠心算"一口清"乘法（选学）

二、乘数为5

被乘数和本个数的对应关系如下：

1 2 3 4 5 6 7 8 9……被乘数
5 0 5 0 5 0 5 0 5……本个数

> 个位规律："单5双0"。
>
> 进位规律：满2进1、 满4进2、 满6进3、
> 　　　　　满8进4。

记忆为：2、3进1；4、5进2；6、7进3；8、9进4。

【例1】 2 796×5=135

运算：

　　0 2 7×5………乘式（乘前先补0）
　　　0 5…………本个（2本个0，7本个5）
　　　1 3…………后进（2进位1，7进位3）
　　―――――――
　　　1 3 5………乘积（本个加后进）

横式下面直接写出答案：

【例2】 836×5=4 180

运算：0 863×5
　　　　=4 180

练习题

1. 指出下列各题的本个数和后进数，再用竖式进行计算。

（1）15×5=　　（2）38×5=　　（3）78×5=
（4）37×5=　　（5）54×5=　　（6）96×5=
（7）352×5=　　（8）136×5=　　（9）348×5=
（10）796×5=　（10）582×5　（12）314×5=

2. 横式计算下列各题。

（1）26×5=　　（2）79×5=　　（3）12×5=
（4）875×5=　　（5）231×5=　　（6）746×5=

第十四单元 珠心算"一口清"乘法（选学）

三、乘数为4

被乘数和本个数的对应关系如下：

1 2 3 4 5 6 7 8 9……被乘数
4 8 2 6 0 4 8 2 6……本个数

> 个位规律：单凑双补。
> 进位规律：满25进1，满5进2，满75进3。

【例1】69×4=276

运算：

```
  0 6 9 × 4 ……… 乘式（乘前先补0）
    4 6    ……… 本个（6的本个4，9的本个6）
  2 3      ……… 后进（6满5进2，9满75进3）
  ─────
  2 7 6    ……… 乘积（本个加后进）
```

在横式下面直接写出答案：

【例2】529×4

运算：0 529×4
　　　 =2 116

练习题

1. 指出下列各题的本个数和后进数，再用竖式进行计算。

（1）15×4=　　（2）38×4=　　（3）78×4=
（4）92×4=　　（5）28×4=　　（6）93×4=
（7）325×4=　（8）629×4=　（9）471×4=
（10）609×4=（10）957×4　（12）132×4=

2. 横式计算下列各题。

（1）31 276×4=　（2）5 109×4=　（3）8 107×4=
（4）9 378×4=　 （5）2 047×4=　（6）3 926×4=

第十四单元 珠心算"一口清"乘法（选学）

四、乘数为3

被乘数和本个数的对应关系如下：

1 2 3 4 5 6 7 8 9……被乘数
3 6 9 2 5 8 1 4 7……本个数

> 个位律概括为：双补倍，单补倍加5
> 进位规律：超$\dot{3}$进1，超$\dot{6}$进2（3表示
> 　　　　　333……，6表示666……）。

【例1】368×3=1 104

```
   0 3 6 8
 ×       3
 ─────────
   1 1 0 4
```

—— 0 的后位 3，超$\dot{3}$进1，写 1
—— 3 的本个 9，后位 6，超$\dot{6}$进 2，9+2 写 1
—— 6 的本个 8，后位 8，超$\dot{6}$进 2，8+2 舍十取个 0
—— 8 的本个 4，直写 4。

在横式下面直接写出答案：

【例2】356×3=1 068

运算：0 356×3
　　　=1 068

练习题

1. 指出下列各题的本个数和后进数，再用竖式进行计算。

（1）39×3=　　（2）18×3=　　（3）96×3=
（4）39×3=　　（5）27×3=　　（6）21×3=
（7）452×3=　　（8）597×3=　　（9）285×3=
（10）546×3=　（10）816×3=　（12）947×3=

2. 横式计算下列各题。

（1）31 276×3=　　（2）5 109×3=　　（3）8 107×3=
（4）9 378×3=　　（5）2 047×3=　　（6）3 926×3=

第十四单元 珠心算"一口清"乘法（选学）

五、乘数为9

被乘数和本个数的对应关系如下：

| 1 | 2 | 3 | 4 | 5 | 6 | 7 | 8 | 9 | ……被乘数 |
| 9 | 8 | 7 | 6 | 5 | 4 | 3 | 2 | 1 | ……本个数 |

> 个位规律：9本补
> 进位规律：超循环几进几

【例1】$287 \times 9 = 2583$

```
    0 2 8 7
  ×       9
  ─────────
    2 5 8 3
```

─ 0后位28，超2进2，写2
─ 2的本个8，后位85不超8进7，8+7取个5，写5
─ 8的本个2，后位7不超进6，2+6，写8
─ 7的本个3，直写3。

在横式下面直接写出答案：

【例2】$785 \times 9 = 7065$

运算：$0\,785 \times 9$
            $= 7065$

练习题

1. 指出下列各题的本个数和后进数，再用竖式进行计算。

（1）$327 \times 9 =$　　（2）$237 \times 9 =$　　（3）$164 \times 9 =$
（4）$269 \times 9 =$　　（5）$874 \times 9 =$　　（6）$827 \times 9 =$
（7）$4\,035 \times 9 =$　（8）$1\,586 \times 9 =$　（9）$7\,145 \times 9 =$
（10）$3\,572 \times 9 =$（10）$3\,172 \times 9 =$（12）$2\,084 \times 9 =$

2. 横式计算下列各题。

（1）$4\,312 \times 9 =$　（2）$5\,109 \times 9 =$　（3）$8\,107 \times 9 =$
（4）$9\,138 \times 9 =$　（5）$6\,247 \times 9 =$　（6）$3\,926 \times 9 =$

第十四单元 珠心算"一口清"乘法（选学）

六、乘数为6

被乘数和本个数的对应关系如下：

1 2 3 4 5 6 7 8 9……被乘数
6 2 8 4 0 6 2 8 4……本个数

> 个位规律："双自身，单加5"。
> 进位规律：超 1$\dot{6}$ 进1、超 $\dot{3}$ 进2、满5进3、超 $\dot{6}$ 进4、超 8$\dot{3}$ 进5。

【例1】783×6=4 698

```
    0 7 8 3
  ×       6
  ─────────
    4 6 9 8
```

— 0 的后位 7 进 4，0 下写 4
— 7 的本个 2，后位 83 不超 8$\dot{3}$ 进 4，2+4 写 6
— 8 的本个 8，后位 3 不超 $\dot{3}$ 进 1，8+1 写 9
— 3 的本个 8，直写 8。

在横式下面直接写出答案：

【例2】479×6

运算：0 479×6
　　　=2 874

练习题

1. 指出下列各题的本个数和后进数，再用竖式进行计算。

（1）297×6=　　（2）895×6=　　（3）267×6=
（4）306×6=　　（5）521×6=　　（6）453×6=
（7）4 152×6=　（8）3 519×6=　（9）2 708×6=
（10）5 462×6= （10）8 015×6= （12）3 825×6=

2. 横式计算下列各题。

（1）5 307×6=　（2）4 519×6=　（3）1 817×6=
（4）1 934×6=　（5）2 095×6=　（6）3 925×6=

第十四单元 珠心算"一口清"乘法（选学）

七、乘数为 8

被乘数和本个数的对应关系如下：
1 2 3 4 5 6 7 8 9……被乘数
8 6 4 2 0 8 6 4 2……本个数

> 个位规律：全补倍。
> 进位规律：满 125 进 1、满 25 进 2、满 375 进 3、满 5 进 4、满 625 进 5、满 75 进 6、满 875 进 7。

【例1】965×8=7 720

```
    0  9  6  5
×            8
─────────────
    7  7  2  0
```

— 0 的后位 9，满 875 进 7，0 下写 7
— 9 的本个是 2，后位满 625 进 5，2+5 写 7
— 6 的本个是 8，后位满 5 进 4，8+4 舍十取个写 2
— 5 的本个是 0，写 0

在横式下面直接写出答案：
【例2】276×8=2 208
运算：0 276×8
　　　＝2 208

练习题

1. 指出下列各题的本个数和后进数，再用竖式进行计算。

（1）39×8=　　　（2）36×8=　　　（3）57×8=
（4）87×8=　　　（5）24×8=　　　（6）92×8=
（7）456×8=　　（8）509×8=　　（9）192×8=
（10）546×8=　（11）817×8=　（12）947×8=

2. 横式计算下列各题。

（1）312×8=　　（2）519×8=　　（3）817×8=
（4）937×8=　　（5）204×8=　　（6）392×8=

第十四单元 珠心算"一口清"乘法（选学）

八、乘数为7

被乘数和本个数的对应关系如下：

1 2 3 4 5 6 7 8 9……被乘数
7 4 1 8 5 2 9 6 3……本个数

> 个位规律：双自倍，单自倍加5
> 进位律为：超 1̇42 85̇7 进1、超 2̇85 71̇4 进2、超 4̇28 57̇1 进3，超 5̇71 42̇8 进4，超 7̇14 28̇5 进5，超 8̇57 14̇2 进6。

简记为：1、2进自身， 4、5减1进，7、8减2进， 3、6、9进2、4、6。

【例1】4 372×7=30 604

```
   0 4 3 7 2
 ×         7
───────────
   3 0 6 0 4
```

— 看后位 43 进 3，0 下写 3
— 4 的本个 8，看后位 37 进 2，8+2 舍 10 取个，写 0
— 3 的本个 1，看后位 72 进 5，1+5 写 6
— 7 的本个 9，看后位 2 进 1，9+1 舍 10 取个，写 0
— 2 的本个 4，直写 4。

在横式下面直接写出答案：

【例2】913×7

运算：0 913×7
　　　=6 391

练习题

横式计算下列各题。
（1）8 902×7=
（2）8 712×7=
（3）6 438×7=
（4）3 647×7=
（5）3 429×7=

对于多位数"一口清"乘法，就是把单积"一口清"依次错位相加，方法同多位数空盘前乘法。

附录：中国珠算心算协会少儿珠心算等级鉴定标准（试行）

项目		一级	二级	三级	四级	五级	六级	七级	八级	九级	十级
加减算	题数	10	10	10	10	10	10	10	10	10	10
	拟题要求	亿以加减法	亿以内加减法	亿以内加减法	万以内加减法	万以内加减法	千以内加减法	千以内加减法	百以内加减法	百以内加减法	20以内加减法
	每题字数	30	25	20	18	14	12	10	7	5	3
	总字数	300	250	200	180	140	120	100	70	50	30
	每题行数	10	10	10	8	8	7	6	5	4	3
	要求合格题数	8	8	8	8	8	8	8	8	8	8
	题型：整小数两位题数	5	5	5	5	5					
	带小数加法题数	6	6	6	6	6	6				
	纯加减法题数	4	4	4	4	4	4				
	加减混合题数	3	3	3	3	3	3				
	每题各种位数所占行数：4位数	3									
	3位数	4	3	2	1						
	2位数	3	3	3	3	2	2	1			
	1位数				3	3	3	2	3	3	3
乘算	题数	10	10	10	10	10	10				
	乘数和被乘数位数合计	52	46	42	36	32	25				
	总计算量	66	50	40	32	24	15				
	要求合格题数	8	8	8	8	8	8	10			
	题型：带小数两位题数			2	2	2					
	四舍题数		1	1	1	1					
	五入题数		1	1	1	1					
	3位×3位	4	2	2							
	3位×2位	2	3	2	2						
	2位×3位	2	3	2	2						
	3位×1位	1	1	2	2	2					
	2位×2位	1	1	2	2	2	2				
	1位×3位			2	2	2					
	2位×1位				2	4	4	6			
	1位×2位				2	3	4				
	1位×1位						5				
除算	题数					10	10	10	10	10	10
	除数和商数位数合计					46	34	32	24		
	总计算量					52	26	22	14		
	要求合格题数					8	8	8	8	10	
	题型：带小数两位题数					2	2				
	四舍题数					1	1				
	五入题数					1	1				
	除尽题数			8	2	1	1		2		
	除不尽题数				2	1	1				
	计算各位数占题数										
	÷3位=2位					2					
	÷2位=3位	3	3	3	3	1	1		2		
	÷3位=1位				6	2	2	1	3	2	
	÷2位=2位						4	4	4	4	
	÷1位=2位						2	3	2	2	
	÷2位=1位										
	÷1位=1位									6	

说明：（1）8～3级题的位数分别对应小学一至六年级口算标准；（2）1～6级鉴定限时10分钟，7～10级鉴定限时5分钟；（3）每个级别各单项均达到"要求合格题数"标准者为合格。

中国珠算心算协会珠心算能手等级鉴定标准（试行）

	项目		一级	二级	三级	四级	五级	六级	七级	八级
加减算	题数		10	10	10	10	10	10	10	10
	每题字数		120	110	100	90	80	70	60	50
	总字数		1200	1100	1000	900	800	700	600	500
	每题行数		20行5题	15行5题	15	15	15	15	15	15
	要求合格题数		9	9	8	8	8	8	8	8
	题型	整数两位题数	5	5	5	5	5	5	5	5
		带小数两位题数	6	5	6	6	6	6	5	6
		纯加法题数	4	4	6	6	4	6	5	4
		加减混合题数	7	4	5	5	4	6	4	6
		每题减号行数		2	3					
	每题各种位数所占行数	10位数								
		9位数	5	5	5	3				
		8位数	4	5	3	3	2			
		7位数	4	4	3	3	5	4	2	
		6位数	4	4	4	4	5	5	5	
		5位数	4		3	4	3	3	6	10
		4位数								
		3位数								
乘算	题数		20	20	20	20	20	15	15	15
	被乘数和乘数位数合计		190	176	166	154	144	108	98	90
	总计算量		444	378	340	280	242	177	146	125
	要求合格题数		18	18	16	16	16	12	12	12
	题型	整数题数	8	9	10	11	12	9	10	10
		带小数题数	12	11	10	9	8	6	4	2
		四舍题数	6	6	5	5	4	3	2	1
		五入题数	6	5	5	4	4	3	2	1
		5位×5位	4	4	2					
		6位×4位	4	2	2	2				
		5位×4位	4	2	2	2	2			
		4位×5位		2	2	2	2			
		4位×4位	3	2	2	3	2	2	1	
		3位×5位		2	2					
		5位×3位	3	2	4	3	2	3	3	2
		4位×3位					2	3	3	2
		3位×4位	2	2		3		3	3	2
		5位×2位					3	2	3	2
		3位×3位						2	2	5
		4位×2位								
		2位×4位								
除算	题数		20	20	20	20	20	15	15	15
	除数和商数位数合计		183	162	154	143	140	99	89	70
	总计算量		411	322	280	239	228	150	120	80
	要求合格题数		18	18	16	16	16	12	12	12
	题型	整数题数	8	9	10	11	12	9	10	10
		带小数题数	12	11	10	9	8	6	4	2
		除不尽题数	6	6	5	5	4	6	4	1
		四舍题数	6	5	5	4	4	3	2	1
		五入题数			1					
		÷5位=5位	3		1					
		÷6位=4位	3	2	2	2				
		÷4位=6位	3	2	2	2	2			
		÷5位=4位	3	2	2	2	2	3		
		÷4位=5位	2	2	2	2	2	2	1	
		÷4位=4位	2	2	2	3	2	3	3	2
		÷5位=3位			3	3	3	2	3	2
		÷3位=5位					3	2	2	2
		÷4位=3位						2	2	2
		÷5位=2位						2	2	2
		÷3位=4位								
		÷4位=2位								
		÷3位=3位								
		÷3位=2位							3	5
		÷2位=2位							3	5

说明：（1）三项综合试卷1～10级均限时15分钟；（2）每个级别各单项均达到"要求合格题数"标准者为合格。

中国珠算心算协会少儿珠心算等级鉴定六级乘算题

学校		姓名		考号	

	计算题	错题	对题	等级	初评	复核
乘算						
除算						

乘算　　　　　　　　　　　　　时间　5分钟

1	20×7=
2	9×6=
3	5×18=
4	4×3=
5	3×40=
6	6×8=
7	15×2=
8	7×9=
9	8×30=
10	7×5=

除算　　　　　　　　　　　　　时间　5分钟

1	14÷7=
2	50÷5=
3	48÷8=
4	27÷3=
5	205÷41=
6	24÷6=
7	630÷9=
8	6÷2=
9	560÷70=
10	24÷3=

珠心算教程

中国珠算心算协会少儿珠心算等级鉴定五级乘算题

学校		姓名		考号	

	计算题	错题	对题	等级	初评	复核
乘算（一）						
乘算（二）						

乘算（一）　　　　　时间　5分钟

1	60×8=
2	3×24=
3	50×6=
4	4×12=
5	57×98=
6	95×4=
7	6×10=
8	78×3=
9	26×71=
10	3×29=

乘算（二）　　　　　时间　5分钟

1	13×2=
2	34×76=
3	8×20=
4	97×5=
5	5×93=
6	60×9=
7	5×48=
8	19×5=
9	62×18=
10	4×75=

珠心算教程

中国珠算心算协会少儿珠心算等级鉴定五级除算题

	计算题	错题	对题	等级	初评	复核
除算（一）						
除算（二）						

学校		姓名		考号	

除算（一）　　　　　　时间　5分钟

1	192 ÷ 32 =
2	4 225 ÷ 8 =
3	642 ÷ 214 =
4	435 ÷ 87 =
5	128 ÷ 4 =
6	4 572 ÷ 9 =
7	98 ÷ 49 =
8	485 ÷ 5 =
9	488 ÷ 61 =
10	96 ÷ 2 =

除算（二）　　　　　　时间　5分钟

1	2 587 ÷ 7 =
2	282 ÷ 47 =
3	783 ÷ 9 =
4	195 ÷ 39 =
5	435 ÷ 87 =
6	2 440 ÷ 305 =
7	98 ÷ 49 =
8	576 ÷ 72 =
9	488 ÷ 61 =
10	224 ÷ 56 =

中国珠算心算协会少儿珠心算等级鉴定四级乘算题

学校		姓名		考号	

	计算题	错题	对题	等级	初评	复核
乘算（一）						
乘算（二）						

乘算（一）　　　　时间　5分钟

1	23 × 87 =
2	16 × 2 =
3	90 × 12 =
4	8 × 35 =
5	76 × 45 =
6	59 × 8 =
7	83 × 57 =
8	9 × 63 =
9	47 × 30 =
10	21 × 34 =

乘算（二）　　　　时间　5分钟

1	64 × 20 =
2	37 × 4 =
3	85 × 93 =
4	6 × 51 =
5	10 × 69 =
6	72 × 6 =
7	59 × 14 =
8	7 × 38 =
9	62 × 80 =
10	79 × 35 =

中国珠算心算协会少儿珠心算等级鉴定四级除算题

	计算题	错题	对题	等级	初评	复核
除算（一）						
除算（二）						

学校		姓名		考号	

除算（一）　　　　时间　5分钟

1	1 435÷5=
2	234÷9=
3	138÷69=
4	504÷6=
5	4 536÷567=
6	378÷42=
7	1 248÷6=
8	2 466÷274=
9	144÷3=
10	284÷71=

除算（二）　　　　时间　5分钟

1	301÷7=
2	2 472÷309=
3	603÷67=
4	5 472÷9=
5	416÷8=
6	2 955÷985=
7	432÷54=
8	2 768÷8=
9	288÷32=
10	258÷3=

中国珠算心算协会少儿珠心算等级鉴定三级乘算题

学校		姓名		考号	

	计算题	错题	对题	等级	初评	复核
乘算（一）						
乘算（二）						

乘算（一）　　　时间　5分钟

1	48×52=
2	91×726=
3	205×4=
4	38×19=
5	7×342=
6	836×9=
7	20×65=
8	79×301=
9	5×906=
10	81×74=

乘算（二）　　　时间　5分钟

1	75×894=
2	23×56=
3	9×216=
4	507×4=
5	82×96=
6	6×708=
7	38×421=
8	70×15=
9	69×30=
10	413×9=

中国珠算心算协会少儿珠心算等级鉴定三级除算题

学校		姓名		考号	

	计算题	错题	对题	等级	初评	复核
除算（一）						
除算（二）						

除算（一）　　　　　　　时间　5分钟

1	5 306÷7=
2	1 950÷325=
3	204÷3=
4	1 645÷5=
5	552÷6=
6	2 023÷289=
7	272÷68=
8	3 428÷8=
9	4 752÷526=
10	190÷95=

除算（二）　　　　　　　时间　5分钟

1	1 640÷328=
2	7 326÷9=
3	3 762÷627=
4	294÷4=
5	2 088÷6=
6	148÷74=
7	2 904÷968=
8	534÷6=
9	3 073÷7=
10	138÷69=

中国珠算心算协会少儿珠心算等级鉴定二级乘、除算题

	学校		姓名		考号	

	计算题	错题	对题	等级	初评	复核
乘算						
除算						

乘算　　　　　　　　　　　　时间　5 分钟

1	307 × 81=
2	29 × 16=
3	43 × 609=
4	304 × 7=
5	561 × 92=
6	31 × 56=
7	45 × 802=
8	57 × 982=
9	9 × 748=
10	842 × 63=

除算　　　　　　　　　　　　时间　5 分钟

1	1 222 ÷ 13=
2	2 721 ÷ 3=
3	6 208 ÷ 64=
4	2 024 ÷ 4=
5	5 063 ÷ 83=
6	608 ÷ 304=
7	987 ÷ 21=
8	3 522 ÷ 587=
9	3 220 ÷ 29=
10	1 302 ÷ 28=

珠心算教程

中国珠算心算协会少儿珠心算等级鉴定一级乘、除算题

学校		姓名		考号	

	计算题	错题	对题	等级	初评	复核
乘算						
除算						

乘算　　　　　　　　　时间　5 分钟

1	418 × 329=
2	267 × 45=
3	972 × 768=
4	87 × 403=
5	695 × 34=
6	129 × 807=
7	657 × 8=
8	45 × 709=
9	305 × 216=
10	9 × 501=

除算　　　　　　　　　时间　5 分钟

1	31 564 ÷ 607=
2	1 755 ÷ 43=
3	37 752 ÷ 39=
4	28 956 ÷ 381=
5	2 231 ÷ 31=
6	9 387 ÷ 63=
7	1 568 ÷ 56=
8	31 928 ÷ 614=
9	817 ÷ 43=
10	54 038 ÷ 82=

中国珠算心算协会少儿珠心算等级鉴定一级乘算题

学校		姓名		考号	

	计算题	错题	对题	等级	初评	复核
乘算						
除算						

乘算　　　　　　　　　　时间　5分钟

1	609×418=
2	275×3=
3	96×705=
4	0.4×2.83=
5	316×842=
6	175×90=
7	503×694=
8	782×19=
9	841×567=
10	9.3×6.02=

除算　　　　　　　　　　时间　5分钟

1	1.3694÷0.58=
2	3.640÷40=
3	1.4620÷7.86=
4	1.620÷30=
5	18.972÷279=
6	5.400÷12=
7	4.473÷63=
8	59.440÷743=
9	19.665÷95=
10	2.592÷81=